Wide

Wide

大都更
時代攻略
耕築居安家園

黃張維 ──── 著

目錄

推薦序	利他，是最好的利己／施振榮 008
推薦序	以三個層次耕耘，打造安全健康城市／郭瑞祥 010
推薦序	多方共好，才能成就都市發展的美好／李吉仁 0013
推薦序	面對「大都更時代」，一本詳盡且實用的精闢之作／李永然 015
自　序	讓我陪你走過漫長都更路 018

Part 1　地震不殺人，但建築物會
都更的理由、困境，與最新法令的白話說明

第1章　給我一個改建的理由！　029
——地震多、老屋多，都市更新已刻不容緩

- 台灣地理環境，就是與地震常伴
- 台灣房屋問題，不只是老化
- 台灣抗震要求現況
- 借鏡日本的都更經驗

第2章　台灣都市更新面臨的困境　039
——明明迫在眉睫，為何仍有人要抗拒都更？

- 房屋老舊，亟待改建
- 超高齡社會來臨
- 探究人們不肯改建的心態

第3章 ｜ 社會與政府政策的變革　047
——都更法令的沿革及修法前後差異

- 重大社會爭議事件的省思：文林苑事件、永春案
- 大法官第709號釋憲案
- 《都市更新條例》沿革及修法前後差異
- 都更改建的審議效率
- 推動都更，新北這樣做
- 推動都更，基隆這樣做

Part 2　都更 vs. 危老之差異及詳細程序
都更的流程、進度；估價的迷思、權益；聰明規劃稅賦、信託，不踩雷

第1章 ｜ 危老／都更看分明　067
——危老與都更差別在哪裡？為何都更的程序總要那麼久？

- 危老／都更流程比一比
- 究竟該選擇危老還是都更？
- 都更／危老話說從頭，立意有別
- 都更流程之劃定
- 自辦公聽會
- 送件前之「選配」
- 公辦公聽會、幹事會、聽證
- 審議會的工作

第2章 ｜ 關於權利變換，你必須知道……　087
——「估價師」在都更中扮演的角色

- 估價師在做什麼？
- 更新前，估價作業如何進行？
- 樓層、巷道、位置對於價值的影響
- 1樓的價值到底有多高？
- 公告現值的迷思

- 關於地下室的估價
- 「容積率」與估價的關係
- 不參與「選房」對地主權益有何影響？

第3章 | 參與都更，你要繳哪些稅？ 105
——都更稅賦要處理，聰明規劃不踩雷

- 當地主超選或少選，如何處理才能節稅？
- 房子該何時過戶給孩子較好？
- 房子出租，可以申請自用住宅優惠嗎？
- 特殊案例說明
- 若「土地所有權人」與「地上權人」不同，如何辦理都更？
- 當「地上權人」堅持分配房地時……
- 土地上的違章建築擁有人，能參與權利分配嗎？
- 住戶的「租金補貼」與「拆遷補償費」需繳稅嗎？
- 權利變換「逕為登記」流程
- 透過繼承轉移房產，最能節稅

第4章 | 認識信託 131
——信託的安全性

- 簽署信託應注意事項
- 信託契約中的權利與義務

第5章 | 什麼是代拆機制？ 137
——代拆的可行性

- 多久能完成拆除？
- 政府代拆執行的案例

Part 3 建築師與施工安全等關鍵因素

土壤液化、損鄰怎麼辦？客變、驗屋、保固、點交等爭議說明

第1章 | 建築師怎麼看都更？ 147
——在都更中，建築師扮演的角色

- 建築師在都更中的重要性

第2章 | 土壤液化及施工安全 153
——土壤液化不可怕，遇到「損鄰」怎麼辦？

- 關於土壤液化問題
- 發生損鄰怎麼辦？

第3章 | 興建過程中，權利人的注意事項 161
——RC、SRC、SC/SS 結構安全及建材設備選擇

- 營造商扮演的角色
- 結構的選擇
- 不能不知的抗震知識
- 合約擬訂、品質管控、監工等注意事項
- 都更戶的建材設備，會比實施者（建方）的銷售戶差嗎？

第4章 | 客變怎麼做？ 173
——若有變更室內設計的需求，屋主與實施者（建方）該如何應對？

- 客變非完全免費
- 客變常見之爭議

第5章 | 從開工到交屋，要注意哪些事項？ 181
——驗屋、保固等相關眉角

- 驗屋的標準流程

- 保固服務紀錄卡的相關內容

第6章 | 管委會的功能，以及公設點交流程　185
　　　　——公設的檢測、驗收及特殊狀況

- 管委會的設立及程序
- 管委會的權責
- 公設點交流程
- 公設點交之特殊狀況
- 關於保固期之問題

Part 4　公辦、自辦的差異，及使用分區等細節

公辦、自辦的流程；「使用分區」之影響；
海砂屋、輻射屋、工業區如何參與？

第1章 | 公有地如何參與都更？　197
　　　　——納入都更範圍時的處理方式

- 公有土地的公辦都更
- 自辦都更的公有地部分
- 公有地的「占用戶」該由誰負責？
- 公有地分回房地後，會做何用途？
- 現有機關用地參與都更

第2章 | 「使用分區」對都更之影響　205
　　　　——如何看使用分區？

- 使用分區的限定
- 住宅區與商業區之區別

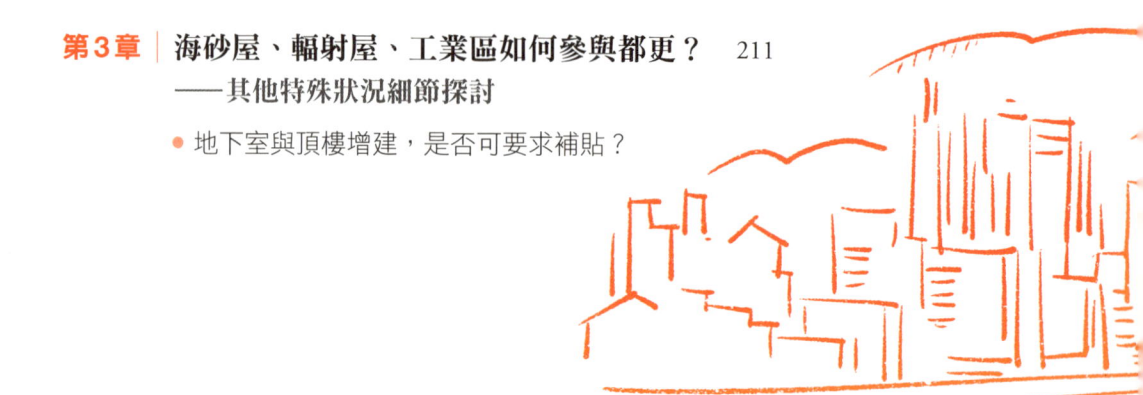

第3章 | 海砂屋、輻射屋、工業區如何參與都更？　211
　　　　——其他特殊狀況細節探討

- 地下室與頂樓增建，是否可要求補貼？

- 輻射屋、海砂屋之改建
- 工業區可以辦理都更或危老嗎？

Part 5 「共好」與「永續」之重要性
兼顧居住安全、環境友善的ESG發展及未來趨勢

第1章 | 地球暖化的衝擊　221
——「淨零碳排」的對應政策及循環經濟

- 「淨零碳排」與營建業有何關聯？
- 呼應政府政策走向

第2章 | ESG永續發展　225
——建築業的未來綠色展望

- 推動ESG的重要性
- 推動綠能建築，成營建業未來趨勢
- 建築師看都市的永續發展
- 兼顧居住安全與環境友善

第3章 | 回到「共好」觀點的三個層次　231
——都更對大家都有益處

- 建築物的基本要求——安全、安全、安全！
- 都市更新是眾人之事
- 都更「共好」的三個層次

推薦序
利他，是最好的利己

宏碁集團創辦人、智榮基金會董事長＆
新創總會創業楷模聯誼會榮譽會長／施振榮

　　台灣是一個高度都市化的國家，2,300 萬人口就有近千萬人集中生活在都會區，而位處盆地的首善之都──台北市，現 90 萬戶的住宅裡竟有超過 7 成都是 30 年以上的老屋，安全性著實令人擔憂。因此，政府近年來從組織面、法制面大力推動都更政策，然而，都更改建涉及私人間權利分配，私利與公益的拉扯，實屬不易。

　　耕建築團隊的董事長黃張維，從 2006 年便投身於都市更新產業，在傳統大型建設的夾擊下，用專業與誠懇的態度，一步一腳印地累積經驗與業績，歷經 17 年的辛苦耕耘，也成功協助許多住戶完成老屋改建，並在 2017 年榮獲中華民國創業楷模獎。

　　張維不藏私地在 2021 年將實戰經驗寫成《都更危老大解密 耕築共好家園》一書，並獲得熱烈迴響，在今周刊與讀者的期盼下，催生這第二本書的誕生。這本書更深入地解說都市更新過程

的程序、法令與重點,如此開誠布公的態度,就是期望讓住戶與建商之間能互助互信,讓資訊透明,住戶也更能安心、放心地參與改建。

張維曾與我分享,都市更新是眾人之事,若想要成功,只有一個不變的法則,就是政府、住戶與建商之間都能放下利己的私心,「共好」才能成就。這也與我的信念不謀而合,我一直相信「利他是最好的利己」,當我能為別人著想、為別人貢獻,他人便會回饋給我,結果我可以得到更多,對大家都好,而且可以永續。如果每個人心中都只有利己而害他,這樣是不可能成就都更改建的目的。

張維用「城市農夫」來形容自己,實在非常貼切,希望這本書能將「利他」、「共好」的種子,種入每個參與都市更新改建的住戶心裡,為住戶改善居住的安全,為城市創造更多更美的風景,讓都市更新得以持續發芽茁壯,讓環境循環而生生不息。

推薦序
以三個層次耕耘，打造安全健康城市

健行科技大學校長／郭瑞祥

在現代城市發展的洪流中，都市更新已成為必不可少的課題。每個城市的發展都有其週期性，而城市內的各個區域發展週期亦不盡相同。因此，我們看到城市的紋理有新有舊，有些區域在不斷進步，也有些區域在逐漸老化。正因如此，政府積極推動都市更新，期望透過一步一腳印的努力，改善那些破落、危險的角落，讓城市變得更美好、更安全。

耕建築的董事長黃張維先生，懷著對都市更新的熱忱，以「共好」的三個層次為願景，致力成為城市農夫，耕耘都市更新。我將此更新詮釋為三個層次，分別是建物更新、永續更新和身心更新。

層次一：建物更新

建物更新是都市更新的核心和基礎。城市中的建築物隨著時間的推移會逐漸老化，甚至成為安全隱患。透過建物更新，不

僅可以消除這些隱患，還能提升建築物的使用價值和美觀度。耕建築的團隊秉持著專業和熱忱，與權利人充分溝通，積累信任，合作共贏。權利人以理性參與，實施者（建方）用專業服務，雙方共同努力，打造出一個個更安全、美好的家園。這種建物更新不僅僅是硬體的改造，更是居民生活品質的提升和社區環境的改善。

層次二：永續更新

隨著全球環保意識的提升，永續發展成為了現代都市更新的重要目標之一。永續更新旨在推動環境的永續發展，提升城市的功能與面貌。這需要從點到面，一點一滴地改變，一步一步地再造。耕建築團隊注重環境友好設計，採用綠色建材和節能技術，努力減少建築對環境的影響，實現資源的可持續利用。這不僅有助於提升城市的環保水準，更為未來的城市發展奠定了堅實的基礎。

層次三：身心更新

在快速發展的都市生活中，身心健康也需要得到重視和保障。耕建築的都市更新願景中，身心更新是不可或缺的一環。透過營造安全、舒適的居住環境，促進居民之間的互信和支持，幫助居民放下小我的堅持，相互成就，因為利他才能利己。住戶之間的共好，讓每一個家庭都能擁有安全、美好的家園，有著對未

來相同的期待。這種身心更新,不僅是物質層面的改善,更是精神層面的提升,讓每一位居民都能在繁忙的都市生活中找到內心的寧靜與幸福。

　　黃張維先生帶領的耕建築團隊,正是以這三個層次的「更新」為目標,撒下都市更新的種子,耕築共生共好的環境,打造安全健康的城市。正如黃張維先生所言:「我是黃張維,我是城市農夫,一步一腳印,耕耘都市更新。」這份對都市更新的堅持和熱忱,不僅是對城市的熱愛,更是對每一位居民的承諾。

　　都市更新,是一場漫長而艱辛的旅程,但在黃張維先生和耕建築團隊的努力下,我們看到了希望,看到了未來。願這本書能讓更多人了解都市更新的意義和價值,共同參與到這場關乎我們每一個人的城市變革。讓我們一起,為未來的城市、為我們的家園,貢獻一份力量。

推薦序
多方共好，才能成就都市發展的美好

台灣大學名譽教授、誠致教育基金會董事長／李吉仁

自從 1998 年底《都市更新條例》完成立法，迄今已經超過 1/4 世紀的時間，但是到 2022 年底，已完成的重建戶數僅有 2 萬戶，僅占全台屋齡超過 30 年總戶數（462 萬戶）不到 0.5%。隨著時間的推移，舊有房屋不僅更為「年長」，地震頻傳與異常氣候等不可逆的因素，都讓都市更新與危老重建從城市治理的重要項目，變成城市永續的優先課題。

然而，誠如作者 3 年前出版的暢銷書《都更危老大解密　耕築共好家園》所揭示的，都更與危老案件從催生、規劃、審議、執行到完成的過程，不僅涉及建築、營造、鑑價、法律、稅務、公共行政等不同領域的專業知識，更有多方利害關係人的涉入，資訊不對稱所導致的高潛在交易成本，以及誘因不對稱可能導致的投機行為，都是讓都更與危老案件執行過程冗長，甚至無疾而終的根因；這也解釋了為何空有律法，但卻不易推進的關鍵。

作者不僅身為都更與危老建案的拓荒者，更立志成為「城市農夫」，耕耘城市的更新。因此再度以各方參與者都可以理解的

語言，針對都更與危老案件過程中的諸多法律規範，如都更與危老的條件與流程差異、權利變換過程中的估價實務、稅務規劃做法、產權信託等議題，以及參與合建的所有權人在興建過程的權利義務細節，如符合需求的結構與安全設計、確保營造過程的品質、保有變更房屋室內設計的彈性、管理委員會的效能等，都有精簡扼要的說明與提醒。對於已經啟動或正在討論參與都更與危老的所有權人來說，本書猶如參與合建專案的「使用說明書」，相信對於降低過程中的資訊不對稱，以及對於合建夥伴的理解，都會非常有價值。

除此而外，本書在最後的章節特別強調，都更與危老若能從永續發展的角度出發，以環境友善與低碳生活為追求目標，從建築設計、建材選擇到工法採用，打造不只是「更新」，而是「創新」的環境友善住宅，為地球的永續貢獻心力。簡單地說，老舊建物更新是都市永續發展的必經過程，有賴住宅所有權人、合作建商、政府與整體環境，能抱持多方共好的思維，最終才能成就城市發展真正的美好！

作者黃張維董事長不僅是創業家、馬拉松與超馬跑者，更是「耕跑團」的創辦人。他不僅身體力行多元運動挑戰，更協助公司內外夥伴用運動「自我更新」，這份積極成長、持續不懈與多方共好的精神，肯定可以成就更多生命的美好！

推薦序
面對「大都更時代」，
一本詳盡且實用的精闢之作

永然聯合法律事務所所長、永然法律基金會董事長／李永然

　　今年(民國113年)4月3日花蓮發生一場芮氏規模7.2的地震，不僅造成多棟房屋倒塌或半倒，也有許多道路、鐵路、橋梁等基礎設施受到不同程度的損毀，重創花蓮的觀光及經濟，也震出了老舊住宅的安全問題。台灣地處地震帶，每年都有大大小小的地震發生，隨著房屋的屋齡逐漸老化，所帶來的居住危險也因而倍增，政府已經注意到這個問題，於是近年來不斷地推動都市更新及危老重建，希望能讓民眾住的安全、安心，也能改善市容老舊的問題。

　　我國憲法和《世界人權宣言》都有提及居住權是基本人權，須獲得保障，在聯合國《經濟、社會與文化權利公約》更揭示「適足住房權」的重要。加上我國政府在民國100年12月30日公布實施的《住宅法》，都再再強調居住權的重要性，因此政府有責任提供人民安全的居住環境。我國首次將都市更新視為都市發展政策是在民國86年由行政院通過「都市更新方案」，之後

在民國87年11月11日由總統公布實施《都市更新條例》，希望藉此促進都市土地有計畫再開發利用，復甦都市機能，以改善居住環境與景觀。然而，在歷經文林苑爭議案及大法官釋字第709號解釋，認為《都市更新條例》部分條文違憲，使得都市更新案件一時銷聲匿跡，直至民國108年1月30日經總統公布施行《都市更新條例》修正案，開始務實、全面、有效地推動都市更新政策，以實現居住正義和加速產業經濟發展。然而許多民眾對於「都市更新」的內容，常因不了解而產生疑惑甚至反對，使得都市更新進行的腳步困難又緩慢，這也是政府與民間都需要重視及推廣的議題。

本書作者黃張維先生與我有兩代的情誼，他的父親是我獅子會的師兄，而永然聯合法律事務所則是他目前所經營「耕薪都市更新股份有限公司」的法律顧問。他對於「都市更新」與「危老重建」的議題有深入的研究與精闢的見解，曾於民國110年出版《都更危老大解密　耕築共好家園》一書，將該團隊15年來在都更危老領域協調整合所累積的實務經驗出版成書，受到讀者一致好評，我也為其撰寫推薦序。此次，他再出版《大都更時代攻略　耕築居安家園》一書，延續了前書的內容，讓想要了解都更的民眾可以藉此一窺「都市更新」的奧祕。

本書內容十分豐富，將民眾在都市更新常遭遇到的一些問題加以解說分析，例如：都更和危老的差別何在？都市更新中有關「權利變換」要注意的事項、參與都更的稅賦問題、都更中信

託的安全性及代拆的可行性……此外，參與都更的民眾及建商最關心的就是自己的權益，要如何維護自身權益的最大化，興建過程中遇到有關興建、客變、交屋、點交等問題，也是很重要的學習課題。還有公有地如何參與都更？使用分區對都更的影響，作者也都有著墨。我國希望能在西元 2025 年達到淨零排碳，然而建築行為常常涉及到排碳的問題，淨零排碳的措施會牽涉到「碳費」徵收，對於建築的永續發展，勢必也會產生影響，而這些議題都在本書中由作者一一解析。我受邀為本書作序，有幸先睹為快，深切體會本書作者的用心及書籍內容之精彩，對於「都市更新」的解析既詳盡且實用，竭誠推薦給讀者們參考。

根據內政部不動產資訊平台資料顯示，我國屋齡 30 年以上的比例已高達 51%，都市更新已刻不容緩，面對「大都更時代」的來臨，政府與民間應積極配合，在完善的法律規範之下，為加速台灣都市機能的復甦及改善居住環境品質共同努力，一改目前台灣老屋林立的現象，讓我國的都會區能重現新生命，人民才能享有安全且安心的居住環境。

自序
讓我陪你走過漫長都更路

　　2001 年，寒風料峭的冬日，我雙肩背著沉甸甸、比我重近 20 公斤、因肺癌末期化療而嚴重水腫的父親，他的雙手軟弱地環掛在我脖子上，氣若游絲的喘息聲，時而急促地低盪在我耳後，我小心翼翼地，踩著踏階窄小的樓梯，從 4 樓公寓的 3 樓一步一步往下走⋯⋯

　　這是第 26 次，我背著父親走下樓梯，去和信醫院做化療。

　　沒有電梯的公寓，「人肉升降梯」成為父親化療就醫的唯一救贖工具。但是，並非人人都可以擁有「人肉升降梯」，台灣有多少居住在老舊公寓的獨居老人與生病的人，對他們來說，生病就醫是種奢侈，更遑論居住在老舊公寓裡的生存尊嚴。

　　這，就是我起心動念，投身於「都市更新」的初心與緣起。

你住的地方，真的夠安全嗎？

談到老舊公寓，除了因缺乏電梯、停車位等基礎設施，造成生活上的不便外，對於居住安全的威脅，是更加不容忽視的問題。這一點，在 2024 年全台經歷了「403 花蓮大地震」之後，人們應該感受更強烈了。

引用前內政部長、現任台大土木系教授李鴻源在多年前就已提出的數據，依據國家地震中心模擬報告指出，台北因為地下水水位過高，造成土壤液化，如果發生規模 6.2 級以上的地震，將震倒 4,300 多棟老舊公寓，死亡人數恐達上萬。

台灣現行的《都市更新條例》與實務，是參考鄰國日本的都市更新經驗與權利變換制度而來；而日本的都市更新與防災意識，則是從傷痛中學習的慘痛經驗。

1923 年發生的關東大地震，1978 年發生芮氏規模 7.4 級的宮城縣外海地震，到 1995 年 1 月 17 日發生規模 7.3 級的阪神大地震，迫使日本政府一路提高耐震標準到 7 級，且更加積極地展開老屋評估跟改建工作。反觀台灣，和日本同樣地震頻繁，卻在 1974 年起才實施耐震設計，在 921 大地震之後，台北市的耐震法規要求為耐震係數 0.24 G、耐震 5 級。

全台四大地震帶，發震機率高

台灣位於地震頻繁的板塊交界處，氣象局於 2022 年統計發布各斷層的發震機率：未來 50 年內，台灣發生規模 6.5 級地震的機率為 99%，而規模大於 6.7 級的地震機率也高達 94%。

地震專家示警，台灣四大地震帶，包括台南與嘉義六甲斷層、北部山腳斷層、花蓮外海隱沒帶，及花東縱谷斷層，都必須加強警戒，其中花東縱谷斷層，強震機率達到 34%。南部地區的台南、嘉義，未來 30 年，六甲斷層發生強震機率達到 23% 及 26%。北部的山腳斷層，在未來幾年的強震機率偏低，其數字為 3%，但大台北地區底下也有一個隱沒帶，是需注重建築結構安全的區域。

除了地震外，居住環境中，沒有電梯、停車位或汙水接管，也許只會造成生活的不便，但還有其他潛藏在老舊公寓裡的危險需注意，包括管線老舊、建材防火功能不足、無所不在的違建，以及與鄰房之間的棟距不足、狹小等，都可能容易用電走火、阻礙了逃生動線與消防雲梯車進出救災。

我一直認為，「信任」與「共好」是成就都更的兩大關鍵要素。2012～2019 年在文林苑事件後為都更黑暗期，《都市更新條例》在 2019 年修正後，都市更新的鐘擺已慢慢擺向了憲法所保障的人民「居住權」，因為大家都渴望有更好的居住安全與環境。即便都市更新很困難，但還是有許許多多成功的案例，我們

也從其中體會整理出了成就都更的兩個關鍵因素——「**信任**」與「**共好**」。

住戶願意信任建方，成就了 30 個家庭的圓滿

第一是「**信任**」。

2006 年 4 月，「耕建築」在一棟 4 樓公寓的 2 樓草創，當時公司開張後第一個月，第一個接觸、評估、向住戶簡報的都市更新改建案，就是位於羅斯福路三段靠近浦城街基地 558 坪的案子，也就是我們後來的「耕曦」。

這案子有 30 戶的住戶，林伯伯是當中最早的在地地主，經營著雜貨店，做著開門 7 件事的街坊生意，和鄰里有著深厚情感；林大哥後來承襲了林伯伯的雜貨店，繼續服務街坊鄰居。

18 年前，我們開始整合開發這塊都市更新基地，開啟了林家第二次的改建機會，而林大哥的雜貨店也成為公司與住戶們一起開會討論改建的重要場所，我們大家一起在雜貨店度過無數個夜晚，有時好言相勸，有時爭執得面紅耳赤，也有時把酒言歡、惺惺相惜！鄰居如果對改建有問題，或對合約有疑問，都會跑到雜貨店找林大哥釋疑解憂。

林大哥以在地耆老的身分，他講一句話，往往勝過我們說明

的 100 句話，讓我們與鄰居一步一步建立起信任。從前期整合 3 年、公部門政府都市更新審議 4 年，每場會議林大哥幾乎都無役不與，一直到拆屋興建的 4 年間，他仍持續每天到工地巡視，並出席參加每週三的工務會議，熱烈參與討論工程進度與幫住戶把關工程品質。

有一次我問林大哥，當年有其他建商一起角逐，為什麼會選擇沒業績、剛成立公司的我們，林大哥笑笑地說，因為我們誠懇的笑容、完整的專業規劃與打死不退的堅持，所以他願意信任並託付給我們。我想，這就是「信任」吧！

林大哥為全體 30 個家庭把關守護 11 年，在最後要落成完工那兩個月，卻被診斷發現口腔癌末期，搬進新家沒多久就離開人世，但他的奉獻與無私，造福了 30 個家庭。我一輩子感念林大哥，照亮了 30 個家庭，也給了剛創業、零業績、初生之犢的我們，可以認真打拚、實現專業與理想的寶貴機會！

都更期望值 0 ～ 100% vs. 95% ～ 105%

都更成功的第二個關鍵，是「**共好**」。

在「耕玉」這個案子的整合過程中，我個人非常佩服于先生的理性與實事求是。和一家完全不認識的公司合作，覺得沒安全感也是無可厚非，但面對自己的疑慮，于先生總是選擇以行動與

積極求是的態度,去確認事實真相與執行的可能性。

于先生告訴我,這次參與都更對他來說是一件天時、地利、人和的事,天時是因為房子夠老,再加上政府提供容積獎勵;地利是房子地點很好,加上近幾年房價上漲,讓他們改建後有機會分回原本的室內面積;再加上碰到「耕建築」專業的團隊,還有于先生熱心與鄰居溝通說服,讓他們都願意參與都更改建,這是很難得的人和了!

但于先生沒有說的是,這 13 年來的奔走與努力,他除了理性溝通與實事求是的精神,甚至為了讓都更案能成局,犧牲自己的利益,少分回坪數,以成就其他住戶。于先生說,這個都市更新案若改建沒成功,什麼都更期望值都是 0,但如果改建成功,大家的都更期望價值就可以有 100%。如果有住戶的期望值較高,想要分多一些到 105%,于先生也願意犧牲自己,只拿 95% 的都更期望值,因為比起改建不成功、都更期望值 0,95% 已經是無限大了啊!

于先生願意利他,而後利己,就如同日本經營之神稻盛和夫,終其一生所奉行的「利他」經營哲學,始終心懷感謝、謙虛律己,同時不忘對他人施以關愛和善意,這樣的心態才是吸引正面回應及成就美好結果的真正原因。

讓我們深深體會到,「共好」正是成就都市更新的重要關鍵因素!

政府民間一起努力，打造更美好的安全家園

　　如今，「403 花蓮大地震」再次震醒了大眾的危機意識。我們可以觀察到，新法規實行後的建築物，都沒有受到嚴重損傷，然而全台老舊房屋實在太多，潛在極高的居住風險。籲請政府快馬加鞭，由上而下加速推動制度面的改革，包括全面老屋結構安全檢查、開放危險與老舊建物容積獎勵、檢視住三法定住宅區容積率太低、財務計畫提列標準定期檢討、加快都更案審議速度等。希望「**迎向大都更時代**」不僅是一句口號，畢竟全台的都市更新，早已是迫在眉睫、刻不容緩的議題了。

　　我的上一本書《都更危老大解密 耕築共好家園》，定位為認識都市更新的一本入門書，自 2021 年出版以來，引起廣大的迴響。不過許多讀者也給予反饋，當他們實際展開都更時，多數仍不知如何著手開始，同時遭遇許多操作面的問題。因此在讀者們的反饋與需求下，有了籌備第二本「都更進階版」的想法，希望針對住戶在實際進行都更時，過程中可能遭遇的各種層面的問題，盡可能提供實務上的經驗，進行解答。

　　我們前後歷經將近 2 年的企劃、採訪、撰稿，集結團隊廣大的資源及人脈，採訪了前台北市、新北市、中央內政部相關局處單位，及專業建築師、估價師、代書、結構技師、營造廠負責人等各方人士。約訪耗日費時，無非就是希望盡力彙整官方、民間及專業人士各方角度及意見，提供讀者最客觀中立且完整的資訊。

希望讀者都能在這本書得到最需要的答案及協助,讓都更改建之路走得更加順暢,及早重建美好家園!也要感謝今周刊出版團隊的大力支持及耐心等待,以及參與本書訪談的單位與專業人士們,感謝名單如下:

內政部國土管理署都市更新建設組簡任正工程司　林佑璘
曾任台北市都發局副局長、台北市都更處處長、現任基
　隆市政府祕書長　方定安
新北市都市更新處副處長　李擇仁
台北市不動產估價師公會理事長　鐘少佑估價師
巨秉不動產估價師事務所副所長　李方正估價師
李天鐸建築師事務所負責人　李天鐸建築師
李文勝聯合建築師事務所負責人　李文勝建築師
築遠工程顧問有限公司總經理及結構技師　張盈智技師
華熊營造／華熊建設總經理　周宜城
華熊營造／華熊建設副總經理　林培元
日商國土開發公司副總經理　張容瑞
國富浩華聯合會計師事務所董事及執業會計師　林松樹
　會計師
政大地政聯合事務所負責人　藍天佑地政士

PART 1
地震不殺人，
但建築物會

都更的理由、困境，與最新法令的白話說明

第 1 章

給我一個改建的理由！

地震多、老屋多，都市更新已刻不容緩

如果我們從地圖上看，台灣是位於亞洲大陸東緣的一個島嶼；但從板塊構造來看，台灣位處歐亞板塊最東側，西邊與菲律賓海板塊相接，南邊與南中國海板塊相鄰，是目前地球板塊活動最劇烈的區域。

台灣地理環境，就是與地震常伴

住在位處環太平洋地震帶的台灣，我們對地震從來都不陌生。光是 1991～2011 年之間，中央氣象局地震觀測網就蒐錄了超過 40 萬起地震資料。而自 2010 年起，中央氣象局又逐年更新觀測設備，有效地提升了觀測密度及偵測範圍。目前每年大約可蒐錄到近 4 萬次地震，其中有感地震約 1,000 次。

根據紀錄，台灣地震發生次數最多是在 1999 年，主要是受到 921 大地震影響，當年度共發生 49,928 次地震，其中有感地震多達 3,233 次。而從災害性地震資料統計分析，從 1901 年（明治 34 年）至今，共有 102 次災害性地震。

現代地震的觀測史，是從 19 世紀才開始。然而，大型地震的週期通常以百年、甚至千年來計算，因此，歷史資料及文獻，就成為地震危害評估的重要事證及經驗。但多年以來，地震文獻的探究及蒐集，多數是分散式、個別的，缺乏彙整及統合。

有鑑於此，為了進一步量化地震發生機率，科技部邀集學

界與產業界專家，成立了「台灣地震模型（Taiwan Earthquake Model，簡稱「TEM」）」，利用天氣預報陳述降雨機率的概念，估算未來各斷層可能發生地震的機率。

結果顯示，座落於南台灣的地質構造具有快速的滑移速率，且多數斷層近百年來沒有發生地震，蓄積了較高的能量，未來發震機率可能比較高；而相對於其他區域，南台灣的斷層分布較密集，但長度較短，中規模的地震有較高的發生機率，但大規模地震（例如規模 7 級以上）的發生機率會較低。

中台灣的斷層比較長，但是因為 1935 年發生新竹—台中地震（獅潭與屯子腳斷層），以及 1999 年發生的 921 地震（車籠埔斷層），這些規模 7 級以上的地震釋放了斷層的能量，降低了未來 30 年中台灣發生地震的機率。

相較之下，花東地區的花東縱谷斷層及中央山脈構造，更有可能發生大規模地震；所以在同一時間中，東台灣發生規模大於 7 級的地震機率，可能會是全台最高。

透過這些資料分析，我們可以得到一些有用的資訊，例如：針對地震發生機率較高的斷層，可以加強監測和研究，或是模擬該斷層發生地震時所可能遇到的災害，據以防範。

台灣房屋的問題，不只是老化

更進一步來看，**許多地震悲劇的發生，是因為建築物的抗震能力不夠，或是建築老舊、偷工減料，以及屋主不當地修繕行為所導致**。舉例來說，2013 年的台東地震，造成花蓮玉里鎮一間 7-11 便利商店倒塌；當時的結構工程公會理事長就認為，屋主為了讓超商營運，把 1 樓的牆壁改成玻璃帷幕，導致房屋支撐力降低，可能就是造成倒塌的主要原因。

因此，徹底落實**防災型都更**與建築法規，降低未來地震發生時人員傷亡以及財產損失，同時考量建築成本與安全之間的平衡點，就能達到「小震不壞、中震可修、大震不倒」的建物理想狀態。

還有一點要注意，台灣是在 **1974 年才開始執行耐震規範，因此 921 地震發生時的許多房屋，是在實施耐震規範之前興建的**，於是造成了重大傷亡。在 921 地震發生後，政府採取了許多因應政策，重新檢討震區劃分以及加強結構韌性設計規範，以更嚴格的設計要求，來加強建築物的耐震效果。

這些措施都是正確的，或許經由政策的落實，可以減低地震帶來的災害，如同我們在工程界的一句俗語：「地震不殺人，但建築物會」。

台灣抗震要求現況

台灣的都市發展自成一格，100 年前的台灣，總人口數比同時期的倫敦、紐約等大都市還少；經過不到百年，台灣在 20 世紀末就有了 2,000 萬人口，雙北都會區總人口數則將近 1,000 萬人，台灣已經成為一個高度都市化的地區，鄉村人口比例則逐年降低。

在人口密集的雙北市，國家地震中心曾做過模擬，如果台北及新北發生規模「6.2～6.3 級的地震」、「震央深度 10～20 公里」、「地表破裂長度 10～16 公里」，模擬結果顯示，在最嚴重的狀況下，雙北全倒及半倒的房屋估計會有 4,000 棟。而以 2024 年第 1 季的統計資料來看，**台北市的平均屋齡大約是 37.57 年，更有 71.94% 以上的住宅屋齡超過 30 年**。很難想像，**如果大型地震發生**，台北市將會受到多麼大的傷害。

於是在 921 大地震後，政府加強了建築法規中對耐震能力的要求，以台北市為例，法規要求的耐震強度為 0.24 G，屬於耐震 5 級範圍；但台北市又細分為幾個分區，各分區的建築設計細部規範有更詳盡的規定，包含使用的梁柱尺寸、鋼筋量，以及混凝土磅數等。

就全台灣而言，耐震級數分為 0～7 級，0.4 G 以上者都歸為 7 級，如果讀者們看到坊間的 8 級、9 級地震，都是自己訂的，與國內的地震分級無關。

借鏡日本的都更經驗

同樣屬於地震頻繁區，日本在 1969 年 6 月，就將實施多年的《市街地改造法》與《防火建築街區造成法》的立法意旨整併，頒訂《都市再開發法》，也就是都市再開發的依據，不僅要增進建築防災及安全性，並兼顧市街環境的景觀改善。

隨著社會經濟環境與政策等變遷，日本又經歷了多次修法，為了有效推動老舊集合住宅的重建，在 2002 年頒訂了《集合住宅重建措置法》再開發法案。

東京都「丸之內」地區再開發案，是全世界都市更新的一個典範。丸之內地區位於皇居外苑與東京車站之間；明治維新後，因為地方政府缺乏經費，於是將這個區域的土地賣給三菱集團。經過三菱集團持續開發以及 1914 年東京車站啟用，這個區域逐漸發展成日本第一個商業區，也產生了許多知名的建築物，不但有美式混凝土大樓，也有傳統的紅磚建築，分別有「倫敦街」與「紐約街」的美稱。

戰後的 1950～1980 年代是日本經濟高速成長的階段，陸續有大量的商用土地釋出，於是在這段期間，整個區域有了約 90 棟的新式建築。但在 1980 年代後，丸之內地區的開發容積已經接近日本政府規定的 1,000% 上限，加上日本經濟泡沫化，區域發展出現了遲緩、空洞化的現象。

1990 年代，首相小泉純一郎推行都市再生政策，催生了丸之內地區再開發案，由地區內的最大地主三菱地產為發起人，並結合了其它地主，與東京都廳、區政府、東京車站的管理單位「東日本鐵路公司」，共同擬定都市規劃，目的在於重新活化整個丸之內地區。

新開發案的主要內容，包括將原來的 900% 容積率放寬到 1,800%；原有的建物面積近 93% 作為辦公室使用，只有 7% 作為零售及餐飲使用，新計畫把零售餐飲面積擴大了 2～3 倍；將建築物的高度限制，從原來的 100 英尺提升到 500～670 英尺，但是超高樓層建物的基座必須退縮，以維持足夠的街道面積。

此案最引人注目的部分，是它整體性的都市計畫，包括「綠帶規劃」及「人行空間」的設計等；並且在建設新建築的同時，也保留或復原了例如丸之內公園大樓、三菱一號美術館等昭和時期以來的舊建築，在新舊建築並存的和諧視覺下，不但不覺突兀，更展現歷史與創新相互融合的都市風貌。

丸之內地區再開發案的成功，關鍵在於地主的態度。地主並不優先追求本身的最大利益，而是兼顧使用者的角度，來做出完整的區域規劃；計畫的執行也不是單方面由開發者來主導，而是經由一個開放的協商平台，結合開發商、公部門、其它地主、使用者，共同負責區域內的開發經營，這是相當值得我們學習的地方。

丸之內地區再開發案的成功，不但是日本人民的驕傲，也是日本政府的驕傲，政府預計在 2024 年發行的 1 萬圓日幣新鈔背面，將會是東京車站「丸之內口」建築的圖樣。

日本在都市更新的經驗累積，遠遠超過台灣，尤其更新事業中非常重要的權利變換計畫及不動產估價機制運作，日本的運作已經相當成熟，並普遍取得權利人及相關機關的認同及信任。

在建築物防震方面，日本和台灣同樣地處環太平洋地震帶上，1923 年 9 月 1 日發生的關東大地震，造成了 10 萬人以上傷亡的慘劇，這次地震讓日本政府意識到耐震建築的重要，於是當時的日本政府修改了法規，要求新建建物至少要達到耐震 5 級的標準。

之後在 1995 年 1 月 17 日發生的阪神大地震，根據日本政府調查，當時受災最嚴重的神戶市，全市死亡人數有 4,500 餘人，全部倒塌的建築物約有 67,000 棟，而傷亡者多數是居住在老舊房屋裡的老人；但符合關東大地震後耐震標準的建築物，幾乎全部完好無傷，這驗證了耐震建築減低震災傷害的效果。

在阪神大地震後，**日本政府**更進一步地**把建築物的耐震標準再提高到 7 級**，而且**更積極地推動老屋的屋況評估及改建工作。**反觀台灣，我們要做的事還有很多。

因此，我們不但要借鏡日本的權利變換機制，更要學習日本

對於防災意識的重視;而這些經驗,都是他們從災難傷痛中學習到的慘痛教訓。

第 2 章

台灣都市更新面臨的困境

明明迫在眉睫,為何仍有人要抗拒都更?

相信讀者們或多或少都有這樣的疑慮：「地震多、房屋老，出了問題怎麼辦？」如同前面文章所提到，都更已經刻不容緩，也是解決老屋問題的最佳解方。

房屋老舊，亟待改建

根據 2024 年第 1 季內政部的統計，目前全台灣約有 922 萬戶住宅，屋齡超過 30 年的約有 483 萬戶，差不多占總數一半。因為建築物老化所衍生出的問題層出不窮，除耐震能力不足造成結構安全堪慮，還有管線老舊潛藏消防安全隱憂；參考消防署統計資料，2021 年發生的建築物火災，就有近 4 成是電氣因素引起。

即便是都更成效比較好的台北市，現有約 90 萬戶住宅，當中屋齡為 30 年以上的約 65 萬戶，占 71.65%，還有 17 處整建住宅、84 處海砂屋、110 處危險建築亟需處理。然而，自 1998 年《都市更新條例》公布至 2022 年底止，更新重建的戶數僅有約 2 萬戶，依照目前的速度，65 萬戶老宅要將近 800 年才能全部改建完成；為保障市民的居住安全，亟待政府、住戶、都更業者的努力，加速都更的進行。

對此，聞名國際的建築大師李天鐸也抱持同樣的看法，在我的專訪中，李天鐸提到：「以前台灣的人口不多，可以運用的土地是充足的；但是隨著經濟發展，城市不斷擴充，土地就不夠用

了。然而土地不會自己長出來，所以都市更新是都市發展到一個程度後，必然採取的途徑及手段，也是最好的土地再生方式」。

李天鐸認為，現在的都更不只是新舊房屋的轉換，更有安全方面的考量，台灣在戰後所興建的建築，如今都已趨老舊，且當時地球並沒有所謂極端氣候或重大災害問題，但是現在水災、酷熱、地震等災變頻傳，我們亟需以都更來改善都市的公共安全、建物的結構安全，以及做好整體性的防災規劃。

超高齡社會來臨

此外，台灣還面臨一個狀況，「**房子越來越老，人也越來越老**」。依據世界衛生組織的標準，台灣早在 1993 年就成為高齡化社會，並在 2020 年成為高齡社會，依據國家發展委員會所作「中華民國人口推估（2022～2070 年）」，預估在不久後的 **2025 年，台灣就會邁入超高齡社會。**

依國發會資料顯示：台灣的幼年人口及青壯年人口，分別自 1984 年、2016 年起就逐年下滑，而老年人口在 2017 年就已超越幼年人口，預估在 2028 年，台灣的老年人口將成為幼年人口的 2 倍，2065 年則會達到幼年人口的 5 倍。

探究人們不肯改建的心態

大家都明白都更的必要性，但推動都更事業的困難，卻往往發生在住戶身上；根據多年來推動都市更新的經驗累績，多數還是出於人的問題上。

念舊與年齡上的擔憂

台灣人是非常念舊的，對於住了 30、40 年的房子，往往有著深厚的感情；再加上已經習慣了這樣的生活環境，要長者接受都更，暫時搬到別的地方住，然後再搬回來，難免心中有所抗拒。

常常遇到一些年老的屋主，因為從小在老屋長大，就是捨不得看到老屋被拆掉，所以無論建方提的條件再好，他們還是很難同意。

另一個原因是「年齡」，這樣的案例並不罕見。一些年齡很大的長輩，知道都更進行要花很長的時間，擔心自己將來看不到新屋完成；或者因為老屋拆了以後要找房子、搬家，以後又要搬到新屋，老人家嫌麻煩，就直接拒絕了都更；尤其是那些土地面積大、建築時間長的都更案，就常看到這樣的情況。

心態上沒有急迫性

一些原本住在公寓的長者，因為經濟狀況比較好，搬到了更新、更好的大樓，甚至移居海外，他們將原有的公寓出租收取租金，所以完全沒有改建的急迫性，更因為自己的居住環境已經改善，無法體會居住在老舊公寓的不便與危險性。

但是對於那些經濟狀況沒那麼好的公寓住戶，長年居住在擁擠、不安全、不方便的環境中，他們急需改建，卻可能因為少數沒有急迫需求的所有權人阻礙，就無法「住者適其屋」，即使產權都在同一棟公寓，實際住戶的居住正義也無從伸張。

有繼承的問題

老屋的都更改建，常遇到財產繼承的問題；因為房屋改建了，價值就增加了，所以屋主的繼承人或許就有了新想法。如果屋主已經做好分配，這問題還好解決；如果沒有，那問題就很大了。

我舉一個例子來說明。某戶弟弟住的老屋是爸爸給的，但是爸爸也把房子的一部分給了兩個哥哥；換句話說，這間房屋的產權屬於兄弟3人，只是哥哥讓給弟弟住。

在都更改建前，房屋價值比較低，哥哥們沒有什麼意見；但都更後房價提高，那麼變數就很多了。爸爸可能因此擔心，如果

問題這麼多，那還不如保持現狀，暫時不考慮都更。

擔心都更要付出額外成本

都更改建了，房屋的價值增加了，居住的品質提升了，但當中難免會有一些屋主，對額外需要付出的成本有意見。都更中常遇到這類狀況。

首先就是「稅」的問題，許多自住型的屋主，對改建後增加的地價稅、房屋稅很有意見。還有一些屋主覺得，現在的公寓住得好好的，也不用付管理費；但是改建以後，不但要付管理費，可能還會產生電梯及公設的維修費，以及停車位需要管理費或清潔費等，這些額外的生活支出，對已經退休又沒有固定收入的屋主，可能會是一筆不小的負擔。對一些年齡較長、只靠退休金過日子的屋主，這些費用更可能讓他們無奈地放棄都更。

但他們可能沒有考慮清楚，改建之後，不但新屋的房價提升，他們還可以住得更好、更安全、更舒適。

對都更的預期要求過高

屋主對都更改建的「期望太高」是最常見的問題，遠超過實施者（建方）所能提供，甚至希望以「不同意額外條件，就拒絕都更」的方式，逼迫實施者、建方讓步。

另外，一些必要的設施，例如：停車場及車道；大樓大廳；電梯及符合消防要求的樓梯，這些都需要空間，當然就沒辦法達到舊屋的原公設比，每戶分回的坪數可能會變少，這也是許多屋主不願意接受的。

或是頂樓加蓋的住戶，因為「占用」了頂樓，而得以享用較大的生活空間，但都更時依法不會把頂樓加蓋的面積計入，於是有一些頂樓的住戶對都更的分配有意見。再者就是 1 樓，也許住戶把庭院整理成漂亮的花園，或者作為停車空間，在都更後就失去了這些便利性，這也是他們不願意都更的原因之一。

都更就是一個不斷溝通與協調的過程，在法律的規定下，達到彼此都能獲得最大利益的平衡點。關於都更事業的實施，政府在 2019 年明確修法，提供都更案同意戶更多的保障，這點會在下一章做更詳細的說明。

第 3 章

社會與政府政策的變革

都更法令的沿革及修法前後差異

台灣開始推動都市更新，起源於 **1998 年 11 月，政府頒布的《都市更新條例》**；此為台灣推動都市更新的正式法源依據。

在《都市更新條例》相關子法完成後，由於 921 震災的發生，中央的重建政策立即做出回應，同年 11 月，行政院經濟建設委員會研擬「災後重建計畫工作綱領」，**將都市更新列為整體重建的方式之一**，並成立「災後集合住宅社區重建協調推動小組」，採取都市更新方式辦理重建。

都更是立意良好的法案，但是為什麼很多人對都更有所疑慮與抗拒？這部分不妨從兩個喧騰一時的社會爭議事件——文林苑事件、永春案——談起。

重大社會爭議事件的省思：文林苑事件、永春案

關於文林苑事件

文林苑抗爭事件，起因於當時的台北市政府，受理實施者（建方）為樂揚建設的強制拆除申請，並經過了 2 年多的協調後，在 2012 年 3 月 28 日強制拆除不同意都更的 2 戶私人住宅。

不同意戶強力反抗，透過網路串連，學生、學者、民間團體到場聲援，造成《都市更新條例》通過後最大的爭議事件。於是，都更案演變成社會運動事件，不但工地圍籬被拆，不同意戶

更在都更案的基地上蓋起組合屋長期抗爭，致使已搬遷的同意戶及實施者（建方）的權益受到很大影響。

在事件發生後，都更變成眾矢之的，政府都市更新審議的速度明顯變慢，民間辦理都市更新的腳步亦因而放緩。在那段時間中，都更案幾乎全面停滯不前。

最後經過訴訟，士林地方法院於 2014 年 1 月 29 日判決，不同意戶應回復實施者（建方）對組合屋管理使用之原狀，也就是應該拆除組合屋，這才讓文林苑事件有了轉圜的空間，在不同意戶自行拆除組合屋後，最終又能重新啟動施工，而同意戶終於在 2 年半後，歡喜回到新的住宅。

文林苑事件自 2008 年 6 月申請都市更新，2009 年 6 月公告實施，經過長期抗爭與訴訟，到 2016 年 9 月完工交屋，經過 9 年的漫長等待，同意戶終於盼到新家落成，但許多住戶已來不及回家。當社運人士、學者、學生團體等都在聲援不同意戶群起抗爭時，卻沒人聽到同意戶的聲音。這段過程讓市政府、社會、地主及實施者（建方），都付出極大的成本。

文林苑事件的發生，造成了社會大眾對都更的一些誤解，例如：《都市更新條例》是違憲的、政府是站在建方那一邊的、實施者（建方）是霸凌不同意戶的⋯⋯，甚至執行公權力的公部門相關人員與社會形象也都大受影響。

關於永春案

永春案源自於台北市政府於 2000 年 6 月 27 日公告：「信義區松山路、忠孝東路西北側更新地區」更新單元，地點在現今忠孝東路及松山路交叉口，當初是警察宿舍，但建方希望連同緊鄰宿舍的一棟 30 多年的 4 層樓公寓合併到都更範圍內，但屋主堅決反對。

其中一戶 1 樓的屋主覺得，房子住得好好的，屋況也沒什麼問題，為什麼要拆掉改建？而且屋主經營機車行，屋子拆了就沒辦法做生意了，加上屋主對建方所提出的分配條件非常不滿，於是強力抗爭，也成為社會輿論的焦點。

市政府經過 16 年的協調，期間還更換了實施者（建方），最後仍有 4 戶不同意；雖然當時的柯文哲市長及都發局持續協商，但不同意戶依然堅持己見，於是建方決定將不同意戶排除在重建區段之外，讓永春案繼續進行。

歷經波折，永春案終於在 2016 年 9 月動土，之後又發生一些問題，才在 2018 年 2 月復工上梁，2020 年才完工交屋；但因為把不同意戶的公寓排除在都更建案之外，造成「三棟氣派大樓包圍一棟老公寓」的奇特都市景象。

建方認為，永春案之所以繼續推行，關鍵在於當時的柯市府認為，都更案不因行政訴訟而停止，並依法核發拆除執照給建

方，保障了都更同意戶及建方的權益，這是永春案沒有胎死腹中的關鍵。

都更仍需回歸理性與法制

這兩個事件在發生的初期，在社會上造成極大的爭議，以及不同角度的辯論，雖然同意戶最後終於住進了新屋，但卻付出極大的時間成本與社會成本。

都市更新所追求的公共利益，除了包含都市更新參與者利益的總和，更包含環境改善、生活品質提升，以及城市的再造。例如文林苑的都更案是符合公共利益的，當然要在情、理、法兼顧的狀況下，由地主、實施者（建方）、政府共同來協商，彼此都要有一些折衷讓步，才有可能化解僵局。

從這兩個事件中，我們得到一個結論：「於情，實施者（建方）應該負擔起溝通協調的責任，設身處地去了解地主抗拒都更的理由，並盡力去說服；於理、於法，文林苑所引發的憲法爭議與社會輿論，經過大法官釋憲與《都市更新條例》修正後，已經得到了釐清與修補。政府、實施者（建方）、每位參與都市更新的地主，都應該遵循修正後的法令」，如果實施者（建方）能以誠信為原則與地主協商，如果政府能夠有效率地依法執行，如果地主能以「共好」的思維去尋找合適且值得信賴的實施者（建方），則三贏的結果指日可待。

大法官第 709 號釋憲案

由於文林苑事件、永春案的發生，社會大眾開始關注《都市更新條例》的內容；而引起最多爭議的，是當中「多數決」的立法思維，以及「財產權」與「規劃權」的界定。因此大法官會議做出決議，也就是「大法官第 709 號釋憲案」，此釋憲案對後來的《都市更新條例》修訂及都更事業推行，有相當深遠的影響。

相信大多數讀者對艱深的法律條文會感到難以理解，在此用比較簡單的文字來說明，或許大家會比較容易了解第 709 號釋憲案的重點：

（一）對於爭議頗多的《都市更新條例》第 22 條中「多數決」條款，大法官認為合憲，但在尊重少數與反映民主精神的兩個原則上，並不如「全數決」或「一致決」這麼全面，所以應該盡可能地採用符合多數民意的「共識決」。

（二）憲法規定人民的財產權應予以保障，但並非絕對保障而不具任何妥協性。如果在面對更高層級之公共利益時，在具有合理補償之條件下，應該適時適度有所退讓，如憲法第 23 條、第 142 條、第 143 條、第 145 條等條文，都是與社會公共利益有關之所有權限制條文。在基於公共利益考量之前提下，規劃權（或警察權）對於私人財產權之介入才有所本。

（三）《都市更新條例》第 10 條第 1 項屬於違憲，因為原

規定的程序中,沒有設定組織進行「審議」的過程,也沒有辦法確認所有利害關係人得到全部資訊,以及表達自己意見的機會。

(四)《都市更新條例》第 10 條第 2 項屬於違憲,因為申請都更案時,只要相關權利人以及持有面積超過 1/10,就可以提出申請,大法官覺得這個比例太低。

(五)《都市更新條例》第 19 條第 3 項,關於都更計畫擬訂,或者計畫變更送審之前,沒有要求主管機關把相關資訊確實送達到全體土地及合法所有權人,也沒有舉辦公聽會,聽取所有權人的意見,說明是否採納的理由後作成核定,並將結果確實傳達給所有權人,這不符合憲法中的正當行政程序。

在大法官 709 號釋憲案以後,《都市更新條例》有什麼改變呢?在下一段中,特別請到內政部營建署林佑璘科長對談,與大家做更進一步的分享說明。

《都市更新條例》沿革及修法前後差異

《都市更新條例》自 1998 年立法以來,歷經 8 次修正;但是根據林佑璘觀察,在實務上都面臨公／私部門都更量能不足、公權力未彰顯、審議程序冗長、弱勢戶需協助種種問題,一直無法全方位推展。

在經歷文林苑事件及永春案後,為了務實地解決都更執行的困境,大幅修訂後的**「都市更新條例修正案」終於通過,並於 2019 年 1 月 30 日經總統公布施行**。「透過這次修法,能加速都市更新的落實推動,進而提升國人整體居住環境品質」,林佑璘這麼說。

林佑璘更指出《都市更新條例》修法的三大面向,以及修法前後的差異。

(一)解決實務困境

● **獎勵明確化:**關於都更容積獎勵,過去都是由中央規定獎勵上限,由地方審議決定額度;修法後則由中央統一訂定建築容積獎勵項目、額度、計算方式及申請條件,但地方如有因地制宜的需求,也可以另外增訂,以增加計畫透明度。這解決了過去容積獎勵審議的不確定性,提升地主與實施者(建方)之間的信任度,讓更新案先期整合可以順遂進行,並且提高審議效率。

● **擴大賦稅減免範圍:**更新重建後房屋稅減半徵收獎勵,將期限延長至第一次所有權移轉前,最多再延長 10 年;並增加「因協議合建移轉土地及建築物時,其土地增值稅及契稅得減徵 40%」,以及「公開徵求之投資人可分 4 年抵減營利事業所得稅」兩項獎勵。

● **簡明都更程序:**危險老舊建築物,由主管機關迅行劃定為

更新地區，加速重建；計畫核定前已無爭議或經全體同意者，可以免去聽證，並再擴大簡易變更的適用範圍。

（二）強化程序正義

- **三道把關程序：** 為避免過去民辦都更案時，有實施者（建方）惡意圈地的情形，未來公辦及民辦都更案都必須經過三道把關程序：

    （1）連結都市計畫：更新地區劃定要併同擬訂更新計畫，並依循都市計畫程序辦理，以增加民眾參與機制。
    （2）強化都更審議：事業概要、都市更新事業計畫及權利變換計畫，都要經過都更審議會就公益性、必要性、可行性做出充分審議及討論。計畫核定後如有異議者，仍可提出行政救濟，以保障相關權利人的權益。
    （3）有爭議就辦聽證：主管機關核定都市更新事業計畫及權利變換計畫前，如果遇有爭議，應該舉辦聽證，並針對爭議點進行辯論，才能核定實施。

- **建立協商平台：** 如果經過上述三道程序仍然無法解決爭議時，政府基於公共利益維護，得執行代為拆遷，本次修法也針對**代為拆遷機制**，予以精進規範。規範中明訂，實施者（建方）請求代為拆除或遷移時，應先經過**實施者（建方）自辦協調、主管機關公辦協調**等兩個程序，由地方政府介入化解雙方爭議無效後，訂定期

限執行代拆；並授權地方政府針對執行代為拆遷及協調事項，另行訂定自治法規，兼顧保障民眾權益及落實計畫執行。

（三）健全重要機制

- **強化政府主導：**大面積、高比例之公有土地，原則上由政府來主導更新開發；於是增加了政府主導都市更新專章，增訂公有土地管理機關（構）可公開評選民間都更事業機構實施都更，各級主管機關也可設置專責法人或機構協助都更推動，以擴大政府主導都更能量。

- **擴大金融參與：**為強化金融參與、協助都更案資金融通、提升財務可行性，增訂都市更新所需資金之融資，不受《銀行法》第 72 條之 2、有關商業銀行辦理住宅建築及企業建築放款總額 30% 之限制。

- **保障弱勢民眾權益：**對於更新範圍內的經濟或社會弱勢戶，如果因為更新而無屋可居住者，由地方政府主動提供社會住宅或租金補貼；而對於無資金能力者，由地方政府主動協助申（聲）請法律扶助。

為建立安全及永續發展的都市，政府分別於 2017 年 5 月 10 日及 2018 年 2 月 14 日，公布施行《都市危險及老舊建築物加速重建條例》（通稱《危老條例》）及《國家住宅及都市更新中心設置條例》（通稱《住都中心條例》），現在又有了修訂後的

《都市更新條例》的修正完成，將可更務實、更全面、更有效地推動都市更新，實現居住正義、加速產業經濟發展。

都更改建的審議效率

對於如何提升都更審議效率？林佑璘則曾在一場論壇中指出：其實《都市更新條例》中規定，事業概要審核約 3 ＋ 3 個月，而事業計畫和權利變換計畫最多是 1 年；在過去 8 年，審議時間平均是 4.13 年，但在都更修法後，平均是 1.35 年，速度上是快了 3 年，但距離法令規定仍有一段距離。

如何才能加快都更審議的做法？林佑璘提出了一些建議，而目前雙北市也都採納這些意見改善審議流程。

首先是**審議模組化**，建議各縣市政府把過去經驗彙整，累積成有共識的審議原則，例如：更新範圍內私有巷道是否可以廢巷、不同意的地主在什麼情況下可排除或一定要整合開發、面臨道路寬度或不同土地使用分區是否有一致性的估價規範和原則等，對於這些經常面臨到的問題建立通案原則，遇到例外情況再進行審議。

其次是**建立預審機制**，由於事業計畫書和權利變換計畫書是各方面的專業集合，並且涉及到土地再開發，必須從建築規劃到財務規劃做到風險評估，因此建議專業、技術、行政併送，建立

預審機制，同時強化行政審查。由於地方政府可能 1 年要受理幾百個案件，光是相關所有權利人的資格審查就非常耗時耗力，對於證明文件檢核、同意書檢核，建議委外協檢，這樣可以減少部門人力的浪費，並轉為協助審議委員進行審議。

第三是**個案落實分流，建立快審專案**。例如雙北市有「168 專案」和「106 專案」，不具爭議性、需要迫切性重建的海砂屋，可以與一般都更案分流審查；急迫性越高、共識度越高的案件獨立專案審查，這樣可以在 6 ～ 8 個月左右完成審議程序。

根據內政部在 2023 年的統計資料：截至 2022 年，都市更新事業案計有 1,564 件，較 2021 年增加 9.3%，較 2015 年增加逾 9 成；政府主導的都市更新案有 326 件，較 2021 年增加 3.8%，實施中 68 件，較 2021 年增加 25.9%，較 2015 年增加逾 8 成。於是都更審議的需求越來越大，各縣市政府也不得不提升審議效率，並擴增專責人員，才能處理全台不斷增加的都市更新案。

推動都更，新北這樣做

雙北市是目前推動最積極、最有成效的都市。由於媒體一般多關注台北市的狀況，因此，我也邀請新北市都市更新處李擇仁副處長一起交流與談，說明分享新北市的都市更新政策及推動方向。

其實台北市在都更方面的很多政策，比中央更早推動，因為台北市不但是台灣的政治中心，更是經濟文化中心，「對於市容改善及都市發展，他們（台北市）走得比較早，也比較快」，李擇仁如此說明。

相對來說，新北市在 2009 年才升格為直轄市，在此之前，新北市的都更政策大都跟著中央走；畢竟當時的「台北縣」在地方自治上的權限比較小；但是在改制後，歷任市長都相當重視都更。李擇仁特別指出，新北市跟台北市不一樣，台北市會全力推動老舊建物的更新，而在新北市，都市計畫面積只有 24.9%，還有 75% 是非都市用地；所以，**新北市的都更政策會是兩軌並行，一方面推行舊社區的更新，一方面進行新區域的都市計畫開發**，例如重劃區等。

還有一點，考量到新北市民較晚才接觸到都更，對事業計畫內容較不清楚，新北市府除了推動都更的教育推廣外，也希望透過「公辦都更」的方式，讓大部分民眾更加了解，「尤其在這幾年，我們在策略上，也開始加強對民辦都更的輔導」，李擇仁說明。

未來幾年，新北市會比較希望推動大面積的更新，因為單點的更新案一定比較多，但是對市容的改善及都市整體發展上，其實幫助不是那麼大。李擇仁同時說明，「新北市的都市規劃啟動得比較晚，許多道路及公共設施的規劃並不如台北市那麼完善，所以我們希望藉由大規模的更新，型塑出一個新都市的未來，這

可能是未來新北市發展的一個重點。」

除此之外，新北市這幾年也嘗試推行多元都更，除了一般的都更與危老改建外，也加強推動防災型都更、簡易都更。另外，新北市有一個特殊狀況，就是違建比較多；李擇仁說：「遇到這種案子，你還是要給他一條路走，例如協助他們取得合法的建物證明，不然就永遠停滯在那裡，不會有進展。」

新北市的都更狀況比台北市複雜許多，例如新北市城市發展的差距比較大，好比三重跟蘆洲，三重的容積率可能是 300%，然而僅只相隔一條街的蘆洲，容積率可能只有 200%，這是新北市推動都更常見的難題之一。

「許多人會拿新北市跟台北市做比較，但是很多時候，其實不過隔了一條新店溪或淡水河，情況就完全不一樣。希望透過我們的努力，讓新北的都更能夠走得更快、更順、更完美；無論重劃區或其它型態的更新，我們完成的案子一直在增加。相信大家看得到我們的努力，也看得到一直在變好的新北市。」李擇仁副處長的總結，也讓我非常有感。

在耕建築已完成及參與進行中的數十個都市更新案，我衷心認為：**都市更新並不是只有「我好」就好，而是透過「你好」、「我好」，進而達到「大家一起好」的「共好」願景藍圖。**

推動都更，基隆這樣做

相對於台灣其它地區，由於雙北的人口密集、房價相對較高，市民及建方參與都更的意願也比較積極。但在其它縣市，同樣面臨房屋老化的問題，卻因為房價較低，除非是新興工業區周邊或是蛋黃區，否則建方參與都更的意願並不高。關於這個問題，特別邀請了曾任台北市都發局副局長、現任基隆市政府的方定安祕書長，共同來探討。

方定安指出，在 1993 年以後，政府開放以容積獎勵來鼓勵民間參與都更事業；但到今天，民間都更的腳步依舊跟不上房屋老舊的速度，方定安觀察到，目前地方政府又多了一個方向，也就是「公辦都更」。

方定安並不諱言，民辦都更的效率或許更高，但若從社會福利、都市更新的角度來看，是否能把這兩個要件融合在一起？當然，公辦的前提就是公平、公正、公開，尤其是一些市場上沒有民間資金願意參與的計畫，就需要憑藉公辦都更來推行。方定安轉任基隆市政府祕書長後，看到了許多弱勢的地區，他也明白，在基隆推動都更的難度，會比雙北高出許多，也需要花費更多的時間，而其關鍵就在於都更的成本及房價。

方定安指出，「我所思考的，就是減低都更的時間成本，由公部門強力介入，來加速住戶的整合」。台灣在都市更新事業上，不應該只靠獎勵民間投資的方式來推行，政府的角色可以再

放大，一些案子可以由政府來主導，再引進民間資金來興建，甚至雙方一起合作來推行區域都更，這是未來值得努力的一個方向。

方定安也不避諱地指出，在基隆市，如果是民間建方投入都更，受限於房地價值，他所分回的建物及土地價值，可能不符合成本及利潤需求，民間資金投入的意願不高，這是基隆市在都更上面臨最大的困難。他的構想，則朝向簡化程序、加速整合、降低時間成本，並由政府主導，加速都更的進行。

基隆推動都更所面臨的另一個問題，就是很多人對基隆欠缺認識。在他們的既有印象中，基隆市區黑黑舊舊，八堵有貨櫃場，其它地方則有很多工業區，道路狹窄，交通危險。但是從基隆的都市規劃來看，未來將有從南港到八堵的基隆捷運線，規劃以 TOD（Transit-oriented development，大眾運輸導向型的開發，主要指以大眾運輸樞紐和車站為核心，倡導高效、混合的土地利用）的模式來發展，現在已進行相關的規劃。

「以往我們談到都更，就是以重建為主；但現在，或許我們可以站在更高的高度，從都市發展的整體面向來思考，以都市計畫帶動老舊社區的重建，把產業部門、社福部門、文化部門、公務部門整合在一起，共同來推動城市的再生。」方定安這麼認為。

方定安期待，確實地執行《都市更新條例》，加速整合，就

如同斯文里一樣，讓市民享受到都市更新的利益，「我們努力去做，因為不做就永遠不會比現在更好。我希望基隆能夠成功，因為如果基隆做得到，那麼其它縣市肯定也做得到！」

PART 2
都更 vs. 危老之差異及詳細程序

都更的流程、進度；估價的迷思、權益；
聰明規劃稅賦、信託，不踩雷

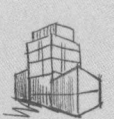

第 1 章

危老／都更看分明

危老與都更差別在哪裡？
為何都更的程序總要那麼久？

1970年代，當時擔任教師的王先生夫婦，在台北市購買了一戶國民住宅。這國宅是4層樓的公寓式建築，1樓的住戶有院子跟地下室。隨著屋齡老舊，許多公用及私有的水管及電路開始出現狀況，加上住宅沒有電梯，讓住在這個社區的銀髮居民逐漸感到出入不便⋯⋯

多年來住戶更迭，一些較晚搬進社區的鄰居，開始有了都更或改建的想法，因為社區位於很好的學區，周邊新開發的建案不少，都更或改建對住戶一定有利；但是像王先生夫妻這樣的長者，對都更及改建完全不熟悉，彼此在溝通上產生很多問題。許多老屋的住戶面臨到都更或危老改建時，都會有類似王先生夫婦的疑惑，到底什麼是都更？什麼是危老改建？差別在哪裡？

我先用一張表格讓讀者們了解《都市更新條例》與《危老條例》的差異。

從下頁表格中，我們可以清楚地理解，都更有比較高的容積獎勵，而且只要80%土地及建物所有權人同意就能進行；危老改建的申辦程序比較簡單，審核時間也比較短，不過需要100%土地及建物所有權人同意，而且《危老條例》有時效限制。

《危老條例》vs.《都市更新條例》

項次	項目	危老條例	都市更新條例
1	申請人	✓ **土地及建地所有權人**	✓ **實施者**（建商、更新會、公部門）
2	基地規模及條件	✓ 規模：**無面積大小限制** ✓ 條件：海砂屋、災損或經耐震能力評估得適用	✓ 規模：≥1,000m² ✓ **（若 ≤500m²，需經審議會同意）** ✓ 條件：公劃或自行劃定
3	容積獎勵上限	✓ **法定容積 1.3 倍**或**原容積 1.15 倍**	✓ **法定容積 1.5 倍**或**原容積 +0.3 倍法定容積** 或**原容積 1.2 倍** 或**原容積 1.3 倍**
4	實施期間	✓ **116 年 5 月 31 日前**	✓ 無時效限制
5	同意比例	✓ **100%全體土地及建物所有權人同意**	✓ 多數決：**80%以上土地及建物所有權人同意**
6	申辦程序	✓ 資格評定符合 ✓ 提具**重建計畫**報核，主管機關應於 60 日內審核完竣	✓ 需辦理**公開展覽→公聽會→幹事會→聽證→審議會→核定公告**等程序
7	分配機制	✓ 由地主**自行協商**	✓ 可採**權利變換**或**協議合建**方式分配

危老／都更流程比一比

讀者們了解危老與都更的不同之後，以下這份簡易流程圖，就可以說明危老／都更的程序：

從這兩張表格的提供的資料，相信讀者們不難理解，為什麼許多人比較有意願選擇危老。綜合來說，雖然危老改建的獎勵值

危老／都更的流程程序

《危老條例重建程序》

- 建築物結構安全性能評估
- 擬具重建計畫報核（100%同意）
- 主管機關書面審查
- 核准重建計畫
- 申請核發建造執照

《都更條例重建程序》

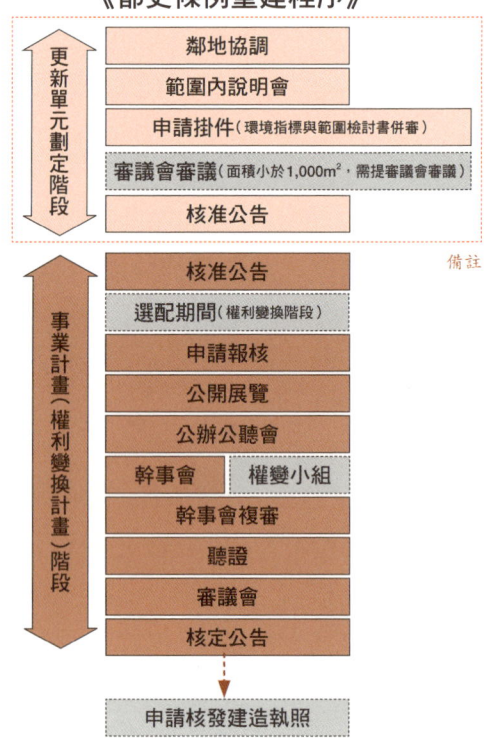

更新單元劃定階段：
- 鄰地協調
- 範圍內說明會
- 申請掛件（環境指標與範圍檢討書併審）
- 審議會審議（面積小於1,000m²，需提審議會審議）
- 核准公告

事業計畫（權利變換計畫）階段：
- 核准公告
- 選配期間（權利變換階段）
- 申請報核
- 公開展覽
- 公辦公聽會
- 幹事會 ／ 權變小組
- 幹事會複審
- 聽證
- 審議會
- 核定公告
- 申請核發建造執照

備註：在雙北市可與事計及權變併行送審

比都更少，但是程序簡單、審核時間短，建方取得建築執照後就可以開始興建。

要申請危老重建，最重要、也是最關鍵的兩件事，就是「結構安全性能評估」與「重建計畫」。政府必須經過結構安全性評估，才能判定房屋是否符合危險老舊的原則並且達到改建的標準。都更亦需經過同樣的評估程序，這在《都市更新條例》中都有明確規定。

危老與都更在程序上的不同，在於危老中只有一個行政程序叫「重建計畫」報核；而在都更中則有「劃定」、「事業計畫」、「權利變換計畫」三個階段，一般來說，光是完成這些流程就要比危老多出2、3年的時間。

以危老改建案為例，不論是在台北市或新北市，在條件符合的情況下，通常主管機關於3～6個月內就能核准成案。申請時有可能因為條件不符合，或者因為文件不足的狀況而被主管機關駁回，在重新申請或補件之後，一樣能在3～6個月之內核准，核准後建方就可以去申請建築執照。

「需要進行危老或都更的房屋，屋齡一定久遠，所有權的狀況通常比較複雜。依據情況，同時擁有房屋及土地者，我們稱之為『**所有權人**』；只有土地但沒有房屋者，稱之為『**地主**』；有房屋但沒有土地者，則稱之為『**屋主**』。而所有權人、地主、屋主，我們統稱為『**權利人**』。」

權利人該如何選擇？我們將進一步探討。

究竟該選擇危老還是都更？

> 王先生社區裡的鄰居議論紛紛，有的鄰居覺得危老好，有的鄰居覺得都更好，他很疑惑，到底該選擇哪一項對大家較有利？

從許多危老改建及都更案的案例中，其實選擇危老或都更並沒有一定的好壞，完全視個案的狀況而定。譬如基地面積小於 500 平方公尺的建地，而且所有權人、地主、屋主也較少的情況下，大家自然會傾向危老，因為這將節省相當多的時間成本；但大家也會相對地付出一些代價，例如前面所提到的，獎勵容積少了，還有稅賦上的優惠也比較少；若是基地規模大或戶數較多，幾乎不可能達到危老要求的「100% 住戶同意」，那就只能選擇都更。

老屋改建最重要的考量，絕對是「**安全的急迫性**」，譬如你的房屋是輻射屋，會影響居住者；或者是海砂屋，有結構安全的疑慮，那毫無懸念，就該盡快申請改建。

另一個考量的重點，在於「**權利人持有房產的時間長短**」，這會影響到改建後的稅賦，在下一個章節我們會有更詳細的探

討，在此僅簡要說明：例如所有權人持有房屋 40、50 年，不論選擇危老或都更，都得繳交不少土地增值稅；但危老沒有土增稅的減免優惠，都更有，或許對某些權利人而言，選擇都更會比較划算。反言之，如果是持有房產不久的權利人，在改建後所要繳交的土地增值稅就不會很多，或許選擇危老會比較好，因為可節省許多時間成本。

再一點就是「**獎勵值的差異**」。危老重建雖然流程相對短、成案較快，但危老的容積獎勵上限比都更少，像是之前提到的海砂屋或輻射屋可申請的專有獎勵，就無法合併在危老獎勵中，因此權利人能分回的房屋坪數可能會少一些。

必須強調的是，不同案件中的權利人，所衡量的重點可能不盡相同。簡單來說，如果土地增值稅不會那麼高，可能就會選擇危老來節省改建時間，會比較有利；而對建方而言，承接危老的案子，相對比較省事。如果持有土地及房產的時間長，權利人可能要負擔比較高的土地增值稅，或許可以考慮都更，因為可享較多的稅賦優惠。

都更╱危老話說從頭，立意有別

> 王先生夫婦大概理解危老、都更的區別了，但他們有些疑問，為什麼政府要同時推行這兩種政策？

從前文的說明中，讀者們應該可以看出都更的程序比危老多而繁複，需要漫長的時間來完成所有程序。主要的原因在於當初立法時，政府認為《都市更新條例》必須是一個具有**公共利益**的法規，因此提供了獎勵當作誘因；相對地，也需要以更嚴謹的態度來審視每一個申請案。

之後因為「文林苑事件」的影響，人民對都更產生了很大的疑慮，於是在大法官會議完成釋憲後、《都市更新條例》完成修法前的這段期間，為了更有效率推動都市計畫範圍內的危老房屋重建，政府特別頒布了《危老條例》，希望透過簡化後的程序，來解決都更為人所詬病的「時程冗長」問題。

《危老條例》相對要求重建範圍內的所有權利人，必須百分之百同意重建案，而且容積獎勵跟稅賦減免也比較少。在都更方面，容積獎勵上限及稅賦減免比危老要多；條件上就避免了發生都更及危老的競合與爭議；《都市更新條例》於 2019 年修正後，在代為拆遷機制（代拆機制）方面，政府扮演的角色也更為明確，在法源依據下，政府有權利及能力拆遷都更範圍內的不同

意戶，以保障多數權利人及建方的權益，這點在後面章節再做說明。

在都更的整個流程中，政府希望扮演中立的監督角色，為所有權利人做好把關，避免民眾權益受到損害；再有一點，都更有一定規模的限制，所以必須配合都市計畫和都市設計，包括未來的道路系統、土地使用的強度、公共設施的配置等，在一切都受到管控的情況之下，重新分配土地的使用方式。基於公平與公益的原則，政府才會設計了這麼複雜的流程，但這些公開透明的審議程序，相對也提供參與都更的民眾更多的保障。

政府剛開始推行都更時，官員的心態相對保守，在審查案件方面往往綁手綁腳，使推動進度緩慢；再加上文林苑事件的後續影響，有很長一段時間幾乎無法進行，在 2019 年都更條例修正公告前，都更進入黑暗期。

如今經過多年的研討，《都市更新條例》也因時制宜地不斷修正，為了加速危險老舊建物的改建，政府又另外頒布流程相對簡便的《危老條例》。需要提醒讀者的是，在本章最開始的圖表說明中就指出，《危老條例》的實施是有年限的，到期之後是否會展延，仍尚未研議與決定。

都更流程之劃定

> 在初步討論及比較後，王先生夫婦覺得都更似乎比較符合他們的需求，那麼都更需要經過哪些程序呢？

都更流程分成三大部分：第一部分是「**劃定**」，確認要都更的房屋是否位於公告劃定的更新地區內，或者需辦理自行劃定更新單元；第二部分是「**事業計畫**」；第三部分是「**權利變換**」。政府為簡化流程，在雙北市的話，三個階段可以一併進行，我們稱為「併送」。

簡而言之，「事業計畫」就是執行都更案的計畫書，重點在於確定誰是都更案的主導者、有多少容積獎勵、建築設計及都市設計、住戶的拆遷安置如何進行及財務規劃；這些都會透過縣市政府主管機關、都市更新審議委員會的審核，以保障所有權利人的權益。「權利變換」則是都更後的權利分配計畫，重點在於以法令來保障權利價值的估價、選配程序、更新成本的提列，並且明確規範所有參與者的權利及義務。

依據《都市更新條例》，各縣市主管機關經過調查與評估，列舉出需要進行都更的區域，這稱為「**公劃地區**」，如果讀者們的房屋在這些區域內，就算符合第一個門檻；如果你的住屋不在這些區域內，也不代表不能都更，而是需實施第二個方案，也就

是「**自行劃定**」。

由於必須符合政府設定的門檻，老屋才能都更，《都市更新條例》中授權各縣市政府自行訂定劃定基準，在雙北市及各縣市政府都訂有自己的「劃定指標」，如果讀者的房產不在公劃區域內，可以自行評估房產所在地的條件，是否能符合劃定基準的需求？這將關係到你的住處能否能夠都更。以台北市為例，符合以下條件，就可以申請自行劃定。

「更新單元內建築物，符合下列各種構造之樓地板面積占更新單元內建築物總樓地板面積比例達 1/2 以上，且經專業機構依都市危險及老舊建築物結構安全性能評估辦法辦理結構安全性能評估之初步評估，其結果為未達最低等級或未達一定標準之棟數，占更新單元內建築物總棟數比例達 1/2 以上者：

（一）土磚造、木造、磚造及石造建築物。
（二）20 年以上之加強磚造及鋼鐵造。
（三）30 年以上之鋼筋混凝土造及預鑄混凝土造。
（四）40 年以上之鋼骨混凝土造。」

或者「更新單元內符合以上各目構造年限之合法建築物棟數，占更新單元內建築物總棟數比例達 1/3 以上，且符合下列二款情形之一：

（一）無設置電梯設備之棟數達 1/2 以上。

（二）法定停車位數低於戶數 7/10 之棟數，達 1/2 以上。」

還有一點很重要，想要申請都更，基地大小必須符合政府規定，也就是所謂的「規模」。例如：台北市規定，都更的基地面積至少要 1,000 平方公尺以上，還要面臨兩條計畫道路。如果土地在 500 平方公尺以上但小於 1,000 平方公尺，就必須經過審議會同意；審議會會審視基地周遭的土地是否都已興建完成、是否已無擴大的潛力及可能性？或者執行這個都更案將具有社會公益性，審議會才會核准。

每一個縣市的主管機關，都有其單行法規，而且也會與時俱進。倘若讀者們有需要，建議還是直接洽所在縣市所轄之主管單位查詢；在確定基地達到劃定基準的要求之後，都更就可以進行到下一步的「事業計畫」跟「權利變換」計畫階段。

自辦公聽會

> 王先生聽說，辦都更要參加公聽會，但公聽會要做什麼呢？

在申請事業計畫跟權利變換計畫報核之前，也就是所謂的「**掛件**」之前，實施者（建方）必須先舉辦公聽會。在整個審議過程中，至少要辦理兩次公聽會，第一場是「自辦公聽會」，也

就是實施者（建方）將送件的內容，以摘要簡報的方式告訴全體權利人，讓大家知道計畫內容是什麼，包括：預計申請多少容積獎勵、未來的建築規劃設計是如何、預定的拆遷安置計畫、實施進度；若是權利變換階段，則包含選配原則等「選配」相關資訊。

為避免所有權人權益受損，政府對於公聽會資料的送達要求非常嚴謹，例如：在台北市，市府會要求實施者（建方）以雙掛號方式，寄送到相關權利人的戶籍謄本地址及通訊地址，此外，連同基地現址的門牌地址，也會要求實施者（建方）寄送，缺一不可。公聽會召開的10天前，必須將時間、地點，登報週知3天，並且在里辦公處張貼公告。

或許讀者們會問，為什麼辦理公聽會這麼複雜？因為政府考慮到所有權人或屋主可能不是房屋實際使用人，他們可能把房子租給他人，租客當然也有權利知道即將有都更案要進行，不然屆時莫名其妙被趕走都不知情，這對使用者來說並不公平。**公聽會的精神及主旨，就是建立相互的保護機制**，藉由公開透明的程序蒐集相關權利人的意見。

送件前之「選配」

所謂「選配」，就是實施者（建方）告知所有權人：「你能分配到多少權利價值來參與選房」，並提供一套完整的圖說，載明更新後各戶的房屋跟各個車位的價值，然後所有權人依照選房

原則及自己未來使用的需求，選擇符合自己需求的房屋跟車位。當然，實施者（建方）不可能在公聽會一結束就馬上要求權利人提供選房的結果，所以要給出合理的「選配期間」。**法定的選配期間是 30 天以上**；換句話說，地主至少有 30 天的考慮期。

如果碰到權利人重複選到同一間房屋，那就要透過抽籤決定；通常抽籤前會先經過實施者（建方）居中協調，萬一溝通不成才會抽籤，抽籤的時間則由實施者（建方）寄發通知。抽籤時，實施者（建方）通常會請第三人（通常是律師）來見證，或者委由律師代為抽籤。

在送案前，這些事項一定要先完成，因為**選房跟抽籤的結果，必須列入權利變換計畫書中**，這樣市政府才有辦法審核，例如資料有沒有錯漏、找補的結果是否正確等；所謂找補，就是「多退少補」的意思，如果權利人的應分配價值高於實際選配的房屋加車位價值，實施者（建方）就要退錢給所有權人；反之，權利人應把差額補給實施者（建方）。

公辦公聽會、幹事會、聽證

> 王先生聽說公聽會要辦兩場，第一場是自辦公聽會，那第二場公聽會是什麼性質？為什麼要辦第二場？

當實施者（建方）將報告書送進主管機關後，主管機關會先進行書面審查，但每本報告書的內容都很繁複，倘若完全由公務人員來執行，勢必曠日廢時；於是在雙北市，就建立了「協助審查」制度，包含「協檢」及「協審」。「協檢」是在送件報核的階段實行，例如：同意書及清冊的核對、清冊內容是否與同意書一致等。這些工作相當瑣碎而制式，所以用委外處理的方式來加快速度。

「協審」則是讓具有都更經驗的外部人員協助檢核報告書內容，外部人員大多由顧問公司或建設公司的規劃人員擔任，但基於利益迴避原則，協審人員不會審查到自己的案件。藉由協審人員的專業與經驗，先將報告書中的問題找出來，後續主管機關的承辦人員再審查時，就可事半功倍。

書面審核完畢後，會進行 30 天的公開展覽，如果得到百分之百的權利人同意，這個期限可以縮短到 15 天。在公開展覽期間內，必須由主管機關舉辦一場「公辦公聽會」，除了官員以外，公辦公聽會還會邀請專家學者參與；這時，對送案內容有意

見的權利人，可以在公聽會上提出疑問或自己的主張。

　　提醒讀者一個重點，如果都更程序是採用權利變換的方式來實施，會由估價師依據權利人所持有的土地及建物價值，估算出個別權利人更新前權利價值的分配比率，就像是個人持有的股份是多少的意思。如果權利人發現公開展覽的計畫內容，分配比率低於之前出具的同意書時，可於公開展覽期間主張撤回自己的同意書。

　　公開展覽期間結束後，將進入正式審議審查報告書的程序。實質審查的單位，在台北市名為「幹事會」，在新北市則為「專案小組」，所謂的幹事會或專案小組的成員，都是由市政府內各相關局處單位的代表擔任。

　　舉例說明，都更的建築規劃可能跟建管處有關，建管處的代表可以就其業管法令提供修正意見；新建建築物都會規劃地下停車場，考量到對附近的交通可能產生影響，交通局就會對於車道及車位的規劃是否符合法規提供意見；報告書中會有財務計畫，則需請財政局的人員來審視財務計畫的提列是否合理；如果有權利變換計畫，地政局或地政處的官員就會協助審查更新後分配結果，還有地籍整理等的相關內容。

　　如果實施者（建方）將事業計畫與權利變換計畫合併送審，在台北市還會多出一個審查單位，稱為「權變小組」，成員主要為具備估價專業的委員。倘若在這個階段就能把權利變換計畫書

中的問題都先釐清，之後當計畫進入審議會時，這個都更案就會較容易通過。

如果幹事會或權變小組提出的修正意見比較多、比較複雜時，就必須再開一次複審會議；假若在新北市，就是再開第二次專案小組會議，直到專案小組或幹事將多數問題釐清後，下一步就是要召開聽證。這是當初在文林苑事件發生後，依據第709號大法官釋憲案要求，一定要列入的程序，並參照《行政程序法》中的「聽證程序」規定來執行。

聽證類似公聽會，但功能有所不同。聽證的目的，是確保民眾有表達意見的機會，並且透過聽證中雙方問答的過程，一次性地聚焦及釐清爭議點，而不會因為個別的爭議處理讓問題失焦。

因此，聽證舉行前，必須進行20天的公告，並刊登報紙公告3天，讓全體權利人、實施者（建方）、主管機關三方都在場，所有權人可以當場提出意見，由實施者（建方）或主管機關現場回覆，方式則採取一問一答。

所有權人提出的問題及討論之後的結論，會立刻製作成會議紀錄，所以提問人要在現場確認會議紀錄是否正確，現場也會以錄影、照相的方式存證，而會議記錄也要提到審議會上討論說明。

聽證紀錄將提供給地方政府的都市更新審議會，作為是否核

定都市更新事業計畫的依據；透過詳實的聽證紀錄，民眾在聽證中所表達的意見，地方政府都需要說明採納或不採納的理由。

整個過程很繁複、嚴謹，這是因為政府希望在公開、公平的原則下，將所有資訊及審議結果攤在陽光下，確保權利人及實施者（建方）的意見都被提出，並且經過充分討論，主管機關也要回應判定的理由，任何一方都能得到公正的結果。

審議會的工作

> 兩場公聽會跟聽證都結束了，王先生想知道：還有什麼程序要執行？需要等多久才能開始興建新屋？

在幹事會階段沒能解決的問題，通常會是層級較高的問題，那就需要連同聽證的會議紀錄，送入審議會來討論。在案件比較單純的情況下，通常開一次審議會就可以，有時則不然。審議會的成員包括兩部分：一部分是府內委員，層級比幹事更高，多數由市府內各相關局處的副主官擔任；一部分是府外委員，顧名思義就是市府官員以外的委員，由主管機關聘任各相關專業領域的專家學者擔任。

審議會是以「合議制」的方式對問題做出決議，討論的過

程是由主席來掌控。但安排審議會議程需要行政簽核程序，基本上都需要幾週、甚至幾個月的時間。現在為加快進度，雙北都可以將三個程序（劃定、事計、權變）併同送件，大幅加速審議速度。

以上流程非常嚴謹，還有許多細節無法一一詳述。整個流程走完，必然要花費相當的時間；審議的進展，會與案件的複雜度、主管機關的態度息息相關。一般來說，這些流程走完都需要花費2、3年，或者5、6年，有時甚至長達7、8年，但也有1年左右就審完的案例。

其實審議時間拉長，原因不全然來自行政機關，有時是實施者（建方）刻意為之，例如在某個時間點，實施者（建方）需要比較多的時間與權利人溝通，或是因為建築規劃檢討的緣故，可能暫緩審議過程。但現在雙北市政府的態度非常積極，會主動查察各案件的進度，當發現個案有延宕的情況，就會發函要求實施者（建方）說明並承諾進度。

因為關係到都更的龐大利益，所以政府在程序方面的要求極為嚴謹，即便實施者（建方）變動了一個小小的項目，或者變更了一些文字，都必須再次接受主管機關的審查、確認。甚至有些都更案已經核定，但報告書中可能要修改一些文字內容，或是建築設計要做些許微調，都必須回頭再變更，重新再走一次審議流程。

所以，當某一個程序需要修正，就可能涉及程序問題。舉個例子：原來的房屋規劃是相對大坪數的坪型，送案之後，由於市場需求變化，更新後的房價不只影響到實施者（建方），也可能影響未來所有權人分配房地產的價值與相關稅賦，過大坪數的房屋可能會被課徵「高級住宅加價房屋稅」，也就是俗稱的「豪宅稅」。

萬一發生這樣的情況，有些實施者（建方）會不惜時間、成本去變更原先的設計，也就是要變更原先報告書的內容，那麼所有程序可能都得重來一遍；但如此變更後的建築規劃會更加符合市場與權利人的需求，對實施者（建方）也是不得已的選擇。

很多參與都更的民眾會問：「為什麼都更的時間要拖這麼久？」其實絕大多數原因不是實施者（建方）刻意拖延，而是因為每一階段的審查都力求嚴謹、不容出錯。

在此建議，讀者們對都更的程序至少要有一些基本概念，當都更案開始後，你會比較清楚每一個流程在做些什麼？以及現在整體進度到哪裡了？

第 2 章

關於權利變換，你必須知道……

「估價師」在都更中扮演的角色

> 社區內大多數的住戶傾向申請都市更新，但是大家跟王先生夫婦一樣，都不清楚自己的房屋價值多少？又該由誰來評估及決定？

身為專業都市更新業者，我深刻理解，權利人在都市更新案中最關心的議題，就是自己所持有的房屋等地上物及土地到底有多少價值？自己又能分配到多少？為此，特別邀請了兩位專家，一位是台北市不動產估價師公會理事長鐘少佑估價師，一位是巨秉不動產估價師事務所副所長李方正估價師，來為讀者們做更專業的解釋及說明。

鐘少佑指出，都更最常發生的問題，來自於某些住戶對其基本觀念及程序不熟悉，甚至大多數人還存在著室內坪「1坪換1坪」的迷思。

李方正則更進一步說明，一般常見的「都市更新」，多是以「**權利變換**」的方式來辦理；所謂「權利變換」就是權利人與實施者（建方）雙方經過政府審議，在都更完成後，依照更新前的權利（地上物及土地等的價值）及投入的建築成本，依據比例原則，來分配更新後的建築物及土地的總價值，也就是所謂「更新前的權利價值比率」。

舉例說明：如果更新前的整個基地，土地＋建物價值是1億元，某甲所持有的土地＋建物價值是1,000萬元，就等於占全案

的 10%；更新後，全案價值扣除成本後若為 3 億元，則某甲的更新後權利價值就是 3 億元的 10%，也就是 3,000 萬元。

而權利變換，首先要將參與者分為兩方，一方是前面章節提到的權利人（主要是持有土地與建物的所有權人）來提供土地跟建物；另一方是「實施者（建方）」，負責提供專業、技術及重建房屋的資金等。以地主提供的土地原有的法定容積，再加上都市更新容積獎勵或海砂屋、輻射屋獎勵或容積移轉等獎勵項目之後，就是整個都更改建後可以產生的價值。

權利人自己也可以組成更新會當實施者（建方），自行負擔興建新屋的費用，最後分回來的權利自然都屬於權利人；但是大部分的狀況，還是以建方來當實施者（建方）的情形居多。

當然，都市更新後的房地總價一定會提高，不然就沒有人想要改建了。「在參與都市更新後，權利人等於是用更新前擁有的權利換了一張『提貨券』，當都市更新建案完成，就可以這張提貨券去兌換新的房屋，多退少補。而實施者（建方）則因為投入成本來重建房屋，以投入成本換取部分都市更新後建物的產權」，李方正估價師如此比喻「權利變換」。

估價師在做什麼？

溝通的過程中，例如本文提到的王先生，對估價師的工作內

容往往不清楚，也擔心估價師會不會只站在實施者（建方）那一邊，而影響自己的權益。鐘少佑說，權利人是否相信估價師所評估出來的房地價值及分配，是都更案能否繼續進行的最大關鍵。在這過程中，估價師的責任至為重大。

過往的年代，權利人往往不相信實施者（建方）所估算出的土地及房屋價值，因而造成許多糾紛；在《都市更新條例》施行後，依法讓擔任公正第三方的專業估價師，來評估現有市值及未來都更後的權利分配，對權利人更加有保障。

李方正指出，依據 2019 年之前的舊法規，都更案的估價是由實施者（建方）選定 3 位估價師來估價；但《都市更新條例》在 2019 年修正後，估價師的選任需經由實施者（建方）、權利人共同指定，若無法共同指定時，則由實施者（建方）先行指定一家，其餘兩家透過公開抽籤的方式來選任。如此的變革，大幅增加了價值評估時的公平性，免除以往估價師皆由實施者（建方）選定的弊病。

鐘少佑提到，估價師作為公正的第三者，不會偏袒權利人或實施者（建方）；但也因為這緣故，估價師所評估出的房地價值，可能會與實施者（建方）或權利人的預期不同，這幾乎在每一個都市更新案中都會發生。

權利人與實施者（建方）如果對估價師的估值有疑慮，可在都更審議過程或在審議會中提出異議，估價師會依據陳情人所提

出的理由、證據的強弱、市場價值的合理性等因素，重新檢視評估出的價值是否有修正之必要。在這樣的估價程序下，估價師所評估出的價值，會比較能讓各方接受。

鐘少佑理事長為此特別說明，權利變換的估價作業準則及依據，一是「不動產估價技術規則」，二是「中華民國不動產估價師公會全國聯合會公報」。這些準則適用於全國，所有估價師都必須依此來進行估價作業，再加上內政部實施「實價登錄」已行之有年，所以權利人大可以不必擔心估價師會有偏袒實施者（建方）的情形發生，對準則有興趣的讀者可以上網查詢參閱（全國法規資料庫 https://law.moj.gov.tw；中華民國不動產估價師公會全國聯合會 http://www.rocreaa.org.tw）。

鐘少佑也強調，如果估價師估價錯誤或偏袒任何一方，輕則罰鍰或負連帶賠償責任，重則撤照甚至背負刑則，因此估價師多半愛惜羽毛，不會有刻意不公正的情況發生。

都更要成功，必須建立在實施者（建方）及權利人的互信上，估價師則是關鍵的第三方；估價師除了要發揮自己的專業能力外，更需要揭示估價的原則及方式，並且加強與實施者（建方）、權利人的溝通，這是未來必須努力的方向。

更新前,估價作業如何進行?

> 由於王先生的房屋是超過 50 年的老國宅,社區房屋的所有權人或許因為繼承,產權有些混亂,也有頂樓加蓋等情形;面對這些狀況,估價師該怎麼做?

李方正認為,在進行都市更新前,估價師最重要的工作之一就是解決全體住戶的「歷史共業」,也就是釐清更新前的土地與建物的產權狀況。首先,必須把現有的土地與建物的登記簿謄本、建物測量成果圖、使用執照、使用執照圖說等全部申請出來,再逐項檢視以下狀況,包括:

- 產權型態、使用現況、面積大小。
- 有無未登記的產權?有無權利變換關係人?(依據權利變換實施辦法第 2 條規定:本辦法所稱權利變換關係人,指依本條例第 60 條規定辦理權利變換之合法建築物所有權人、地上權人、永佃權人、農育權人及耕地三七五租約承租人)。
- 是否有地無屋或有屋無地?
- 是否有房屋與土地產權比例不一致等各種情況?

估價師逐一釐清之後,再依據檢討結果,擬定出合理的估價條件,並依此進行更新前的土地權利價值評估。

依照規定，第一步的作業是評估土地價值，估價師在進行更新前的土地估價時，會先把地上物的價值消除，也就是以「素地」來估價；也會考量每塊土地的容積率、形狀、臨路路寬、臨路面寬、臨路數量、寬深度、面積大小（開發適宜性）、有無專屬容積、商業效益高低、視野景觀、使用現況、周邊設施等因素。

估價師綜整以上的狀況及住戶實際需要做出調整，計算出各塊土地的價值；再依據各權利人持有的土地面積、居住樓層、房屋位置等，來做比例上的分配。一般來說，空地或透天厝，在更新前的土地權利價值分配是最簡單的，因為「土地持有人」跟「房屋持有人」可能是同一人或是親屬，較不容易有爭議。

如果是公寓或大樓這種區分建物，就要以各戶的房屋市價為基礎，再次進行土地立體地價拆算分配。所以權利人越多、社區或大樓越老舊，碰到的產權狀況就會越複雜，例如王先生所處的社區，處理起來就會相對困難。

估價師依照上述步驟估算出各權利人的分配比例；接下來，估價師必須透過公聽會的程序，向所有權利人說明整個估價過程與結果，並製作估價報告書，提送給當地政府主管機關進行審查。如果權利人對估價師估算出的價值或分配比例有意見，可以在審議過程中隨時提出異議，或提交能支持自己意見的合法相關證明文件等，要求估價師說明或修正估價結果。

現行的法令，最大程度地保護了權利人的權益，並且有嚴格的審核程序，估價師也會在法令的規定下，確實地做好估價工作，有心參與都更的民眾大可放心。

樓層、巷道、位置對於價值的影響

> 在王先生的社區中，一些住在頂樓的住戶，因為屋頂加蓋增加了使用面積，於是要求價值的分配要增加；而1樓的住戶覺得，1樓可以當店面、可以停車，他們當然要分配得比較多；對2、3樓住戶來說，陽台面積是否也被估算在更新前土地權利價值內？還有，公有的防火巷道要怎麼計算價值？……

對於準備進行都更的老舊公寓來說，以上種種狀況必然發生。而在實務上，究竟估價師是如何評估這些價值呢？根據個人從事都更事業多年的經驗，我發現權利人之所以對估價師的估值產生疑慮，往往是因為他們不了解更新前的估價準則。例如：王先生所在的社區，一塊土地上有4層樓的公寓，土地面積是由4層樓的屋主所共有，但實際的估價會因樓層不同而產生不同的價值，分配比例也會不同。

以4層樓、無電梯的公寓為例，依據前文提到的「更新前估價原則」，會先估算土地的價值，再依各樓層不同，進行立體地

價分配，分配的基礎是更新前的房屋市價。一般來說，1樓的房屋因為市價較高，就能分配到較多的更新前土地權利價值；在頂樓沒有加蓋的情況下，2、3、4樓層的土地價值，基本上差異不大，但估價師還是會依據市場調查結果來認定。

6樓以上的電梯華廈，雖然高樓層的房屋視野佳、市場價值也較高，但通常不會高於1樓；又譬如，電梯華廈的2樓若可作為商業使用，市場價值也會增加。

另外一個影響價值的因素，則是採光及房屋的位置，兩面採光或三面採光的邊間房屋，價值一定比只有一面採光的房屋高。讀者們也可以參考住家附近的預售屋或新成屋，一面採光與兩面採光的房屋價格上一定有差距。此外，房屋是否面對馬路或巷子？是否鄰近河濱或公園？視野是否開闊？噪音嚴重與否等因素，都會影響到價值的估算。

關於頂樓加蓋及1樓空地的問題，李方正指出，「**都更估價時，超出合法登記產權外之使用價值，並不等於實際擁有之市場價值，所以在估價的過程中，不會把使用價值納入。**」例如頂樓加蓋（即便可以緩拆，且目前由頂樓使用，但還是違法），或1樓住戶將法定空地增建納1樓自己使用，或在門口停車等，這些都屬於合法登記產權外之使用價值性質，在無相對證明資料前，基本上都不能納入更新前的估價。

許多老社區的頂樓都有加蓋，後來的屋主在購入時，就多

花了錢去買頂樓加蓋的部分，但如同上文提到，即使屋主多花了錢，雖然擁有不能合法且無法登記的使用權利，但都不會影響更新前估價。鐘少佑如此說明，「就算實際上為屋主使用，頂樓加蓋還是屬於違建的性質，既然是違建，就不能列入權利價值的計算。」如果都更全區內的頂樓都有加蓋，依據個案不同，估價師或許會做一些樓層效用上的調整補償，但效果並不是很顯著。

2樓以上住戶的陽台，如果有未登記產權的情形，其實不用太緊張地去做補登手續，只要同一棟建物的樓上或樓下有登記陽台，或者有使用執照圖，都可以判斷是否有陽台空間；如果有，估價師就會將陽台面積納入房屋面積計算，並進行估價。

關於巷道土地的估價問題，要看這個巷道是屬於使用執照範圍內的私設通路？或是可建築用地卻被當作通行使用的既成巷道？若是私設通路，估價師需要檢視使用執照，確認這筆土地的法定容積是否已經被使用；倘若該筆土地的法定容積已經用掉，就等於是法定空地的概念，土地的價值就必須扣除地上物的價值。

如果這筆土地的法定容積並沒有被使用，那就當成一般土地，也就是「素地」來估價。既成巷道在估價時應該依照一般土地進行估價，但要考量其是否能將巷道廢除？如果是能廢除的既成巷道，價值會比不能廢除的既成巷道略為提高。還有一種是真正的計畫道路，這就屬於公共設施用地，在評估上，是以其本身可以創造多少容積，來計算更新前的土地權利價值。最重要一

點，不同於更新範圍內的可建築用地，計畫道路不能享有都市更新獎勵。

1 樓的價值到底有多高？

> 王先生住在 1 樓，有個前院，且路邊就可停車，這會提高他的房屋價值嗎？

1 樓的房屋價值該怎麼評估？往往會產生比較多的爭議。估價師通常會以附近區域內、同類型建物的價值來評估，例如：面對道路的寬度、能否作商業使用、是否同樣臨近熱鬧的商圈或便利的市場、前院的大小、門前能否合法停車等，這些都是估價時要考慮的因素。

至於 1 樓房屋的價值會高出樓上多少？鐘少佑理事長指出，還是要由估價師蒐集周遭區域市場的買賣案例及租金行情等，透過比較法及收益法來進行評估。但有些時候，1 樓的價格在更新前後，價值的增值幅度可能還不及樓上的房屋。例如位於忠孝東路黃金地段的 1 樓店面，舊屋與新屋的店面單價或出租效益就不會差異太多；但 2 樓以上樓層的單價，卻可能因為從老舊公寓變成電梯大廈，漲幅會明顯提高。

1樓屋主也無須擔憂，因為我們之前提到，在進行土地價值分配時，會採用更新前市場價值作為分配基礎，因此1樓屋主多數在更新前可分配到較高的價值比例，尤其是商業效益越高的路段，效益就會越明顯。李方正特別提醒，都市更新其實就是把目前土地上的建物拆除後重新建築，但受到現行都市計畫規定，不同的土地使用分區，會受到不同建蔽率的限制，加上還要規劃車道、大廳出入口、樓梯及電梯等公共空間，因此店面更新後的面積一定會變小。

　　同樣地，巷道內的1樓公寓，如李方正之前所提，在都市更新前的1樓，通常會因為一些停車便利性或占用法定空地增加了使用面積，這些隱含的使用價值，可能造成市場價值偏高。但也如之前所提，於合法登記產權外之使用價值性質，在無相對證明資料前，基本上都不能納入更新前的估價。

　　而都市更新重建後，原本1樓的便利性因無法重現或保留，甚至一些建築設計會把1樓規劃成中庭等公共區域，造成1樓與其它樓層的更新比例並不一致，這是因為更新前後的建築法規不同、規劃結果及法定用途也不相同所致，並非估價師沒有把全部的1樓價值列入考量。

　　所以讀者們要了解到，1樓的估價價值一定會比較高，但是也不要有過高的預期，估價師還是會參考周邊區域的使用分區及房地價值，來估算出合理的價格。

公告現值的迷思

> 　　住在王先生樓上的鄰居，在知道估價師的估價結果時，產生一個疑問：「公告現值都一樣，為什麼我的房屋估價就是比較低？」還有，他的停車位會增加估價的價值嗎？

　　我們常常遇到類似的狀況，就是權利人會以公告現值來比較估價的結果；李方正對此提出一個觀念——「**公告現值對都市更新單元範圍內的估價，其實並沒有太大的參考意義**」。

　　因為公告現值是區段價格，同樣地價的區段範圍內，可能包含好幾筆地號或整個路段，公告現值的主要功能是為了計算土地增值稅。因此，可能同一個都市更新案內，每塊土地更新前的公告現值都一樣，因為政府不像估價師，會考量土地位置等條件來進行價值估算。因此**估價師在估價時，是以市場價值作為基準，受公告現值的影響不大。**

　　還有另一個常見的迷思——停車位的更新前土地權利價值。老屋的停車位不一定會有土地持分，如果停車位有土地持分，就會納入在土地權狀內。但實際上，停車位在更新前土地權利價值，是與樓上層房屋的土地權利價值分開計算；也就是說，停車位的更新前土地價值，一般會比實際房屋的價值低。

一般來說,估價師會依照上述原則,公平地評估更新前土地權利價值。但仍可能會有比較特殊的狀況發生,這些特殊個案就不在本書中討論。

關於地下室的估價

> 王先生住在1樓,有個地下室,他想知道,地下室的價值會是多少?

許多人對於地下室的價值估算有所困惑,李方正以王先生的例子來說明。如果王先生的地下室與樓上房屋擁有同樣的土地面積持分,這樣事情會比較單純,因為估價師會依照地下室的市場價值,與其他的區分建物一起進行立體地價分配,來計算出地下室的權利價值。

要特別說明的是,有部分持有土地的地下室所有權人,認為地下室與樓上房屋擁有相同土地面積,就應該跟樓上層房屋具有同樣的土地權利價值,這是錯誤的觀念。因為地下室在市場上的交易價值與租金行情,就是比地面層以上的房屋低。

但如果王先生的地下室,只有房屋登記產權卻沒有土地持分,等於是有屋無地的狀況,那麼估算出來的權利價值,又會比

有土地持分的情況要更低。在市場價值的評估方面，如果地下室是登記為商業使用，或有獨立外梯可供進出，甚至有部分採光，在這些狀況下，市場價值會比較高；但如果登記是防空避難室、無對外獨立外梯只能由公共樓梯出入，或者當作倉庫使用，估價就會相對較低。

當地下室是登記作為停車場使用時，就要以原始使用執照圖作為估價基準，例如：原本規劃是 8 個車位，後來被住戶增加到 10 個車位，那還是得用 8 個車位來估價。但如果是經過全體住戶同意的狀況下，則可以在估價條件中註明「改用現況車位數」（也就是 10 個車位）來進行估價。比較有爭議的部分是未登記的地下室，如果地下室沒有所有權登記，又是由公共樓梯進出，那麼估價師就不會把地下室列入在更新前的土地權利價值中。

王先生的地下室是由他自己使用但沒有登記，如果想要納入更新前的土地權利價值，就必須要有相關證明，例如：住戶合約或協議來作為估價依據。因為地下室面積的納入與否，會影響到各權利人的更新前土地權利價值比例，估價師一定會謹慎處理。

「容積率」與估價的關係

> 王先生的社區原來是住宅區，更新以後可能有部分會變成商業區。他知道不同用地的容積率也會不一樣，這將影響估價嗎？

這就關於土地使用分區容積率的問題，例如：商業用地跟住宅用地的土地開發比例不同；但這否會影響到估價？就必須考慮到每塊土地的開發效益。

鐘少佑提到，更新前的價值評估，只能以「法定容積率」當作為土地開發的上限，並且假設每塊土地都同意重建，而不是以目前的市場價值來估算。例如：土地現況是「裡地」，也就是沒有臨接道路或指定建築線的土地，在不能單獨興建的情況，市價可能低於市場行情 5 成以下，但估價師估算更新前土地估價時，不能只把它當作是裡地來估算。

但鐘少佑提出一些例外的情形，目前有一些獎勵項目是由部分土地單獨創造或貢獻的，例如：更新前的房屋是海砂屋、幅射屋、危險建築、老舊公寓等，因為會有額外的專屬都市更新獎勵，土地的估價就會比較高。

商業用地的土地法定容積率高、住宅用地的土地法定容積率低，這是大眾普遍的認知，因此兩者地價必然有落差；假若兩種用

地都位於同一個都市更新案，更新前土地價值比例自然也就不同。

如果是更新後的新成屋，估價狀況就不同了，因為是在同樣的區域內更新，在區域環境、交通條件等相同的狀況下，即使使用分區不同，所創造的更新後房屋均價，不會差得太多。舉個例子來說明，以萬華區而言，位於商業區的新屋房價，並不會明顯高於住宅區新屋的房價。這時候就要考慮到建築成本的問題，如果實施者（建方）沒有利潤，那他們也不會想參與都市更新，實施者（建方）勢必要考慮建築成本與房價之間的效益比。

因此鐘少佑提醒大家，在計算房價與成本分配比例時，應該以「市場機制」與「公平原則」作為憑據。舉王先生的區域為例：在住宅區興建 15 樓的住宅，跟在商業區興建 24 樓的商辦，兩者均價差異不會太大；但商辦的樓層越高，興建成本也就越高。因此在一些都市更新案中，會出現實施者（建方）在商業區的分配比住宅區還要高一些，而權利人的分配比例會比預期稍低一些，這也是相當合理的。

在都市更新的估價過程中，每位權利人都會有自己的想法，但實施者（建方）有內部的效益控管跟評估機制，估價師也有執行估價的憑據，因此常常有新的議題產生；而最終的決議，都應該交由主管機關的都市更新審議會來決定，他們會設法找出各方最大的共識，讓都市更新順利進行。

不參與「選房」對地主權益有何影響？

> 王先生有位鄰居年紀大了，想搬去跟兒子一起住。如果都更後他不參與選房，權利會受損嗎？

如果權利人不願意透過權利變換的方式取得房屋，是可以選擇領取現金補償的，但這代表權利人不想承擔個案開發的風險，所以依內政部函釋，現金補償數的金額，是以更新前的權利價值計算，無須扣除共同負擔。

都市更新是出自一個「打破重建」的概念。房屋若不更新，就只能持續地變得更加老舊，價值也會逐年降低。而都市更新是給所有權利人一個機會，能與實施者（建方）合作，創造更大的共同利益，在絕大多數的情況下，參與選房還是比較好的選擇。

整個都市更新案的推行中，估價階段是所有人最關心、也是最複雜的部分。依據現行法規，估價師是由實施者（建方）與權利人共同指定，讀者們可以放心，估價師不會偏袒任何一方；如果有任何意見，也可以向估價師諮詢，讓大家一起把都更案順利完成。

第 3 章

參與都更,你要繳哪些稅?

都更稅賦要處理,聰明規劃不踩雷

> 王先生想知道，他參與都更後，需要支付哪些稅金？又有哪些稅賦可以減免？

都市更新若是採重建方式辦理，本質上就是一種不動產再開發利用及變更的行為，過程中因為移轉或持有不動產，所以一定會產生稅賦。我們特別邀請國富浩華聯合會計師事務所執業會計師林松樹及政大地政士聯合事務所地政士藍天佑，來協助讀者們了解都更的稅賦問題。

無論都更重建或危老重建，都是藉由拆除改建的方式來改善居住品質或提升房產價值。廣義來說，兩者皆屬不動產變更再利用範圍，因此會有稅賦的產生；但政府會增加一些誘因來鼓勵改建，所以就有相關獎勵措施、補助、稅賦減免等優惠。

林松樹指出，不動產相關稅賦主要分為國稅跟地方稅：「國稅」是由中央機關負責徵收，除了關稅、進口之營業稅與貨物稅由海關負責徵收外，其他如：綜合所得稅、營利事業所得稅、遺產稅、贈與稅、貨物稅、證券交易稅、期貨交易稅、營業稅、菸酒稅、特種貨物及勞務稅等，皆是由財政部各區國稅局辦理。「地方稅」則有地價稅、房屋稅、土地增值稅、契稅、遺產稅、贈與稅、使用牌照稅、娛樂稅、印花稅等，是由地方稅捐稽徵機關辦理。

請讀者們注意，危老重建與都更重建，所享有的稅賦減免優惠

《危老條例》vs.《都市更新條例》之稅賦減免優惠

項次	項目	《危老條例》	《都市更新條例》
8	稅賦優惠	✓116年5月11日前重建者，得減免**地價稅**及**房屋稅**	✓**得減免地價稅、房屋稅、土地增值稅、契稅**
9	土地增值稅	✓**無減免**	✓抵付共同負擔（與建商合建部分）**免徵** ✓更新後第一次移轉**減徵40%** ✓現金補償者（未分配房地）免徵或減徵40% ✓協議合建（與實施者合建部分）減徵40%
10	契稅	✓**無減免**	✓抵付共同負擔（與建商合建部分）**免徵** ✓更新後第一次移轉**減徵40%** ✓協議合建（與實施者合建部分）減徵40%
11	地價稅	✓重建期間**免徵** ✓重建後**減半徵收2年**	✓更新期間**免徵** ✓更新後**減半徵收2年**
12	房屋稅	✓重建後**減半徵收2年** ✓減半徵收2年期間未移轉者，得再延長**10年**	✓更新後**減半徵收2年** ✓減半徵收2年期間未移轉者，得再延長**10年**

各自不同。在此用一張圖表加以說明,幫助讀者能更清楚了解。

當地主超選或少選,如何處理才能節稅?

> 重建後,王先生可以分配到大約 2,000 萬元的權利價值(含土地),但在建築規劃中,坪數最小的房屋價值是 1,900 萬元,坪數再大一點的房子是 2,400 萬元。他該怎麼選擇?在稅賦上又有什麼不同?

在實務上,權利人的選擇很難剛好和應分配價值完全相同。所謂應分配價值,是指與實施者(建方)的合作條件或權利變換的估價結果;但是實際分配價值,則是實際選房的結果。

例如王先生的例子,他的應分配價值有 2,000 萬元,但在實施者(建方)的規劃中,只有 1,900 萬元、2,400 萬元兩種房型選擇。所以王先生可能面臨兩種狀況:一種是「超選」,就是實際分配價值大於應分配價值;另一種狀況是「少選」,也就是實際分配價值小於應分配價值。我們簡單地以買賣關係來看「超選」或「少選」,「超選」就是多買了其它地主的權益,而「少選」則是賣掉了自己的權益。

以王先生為例,原本他可選配 2,000 萬元,但他卻選擇了

2,400萬元的房子,那就得先判斷這超選的400萬元是透過什麼原因取得,才能知道會有哪些稅賦產生。當實際分配價值大於應分配價值,從稅捐稽徵實務上來說,這400萬元主要是以買賣方式取得的,所以林先生得負擔買賣契稅,藍天佑這樣說明。

但如果都更是採「權利變換」方式進行,政府提供稅捐減徵或免徵優惠,所以王先生因為超選,需要額外支付的400萬元房地價值,會享有40%的契稅減免,但這個優惠只有參與權利變換的權利人才能享有,實施者(建方)就沒有這些減免。假如是危老案,因為法規制定時就沒有這項稅賦減免,所以就不用考慮這些問題。

假如王先生選擇的是1,900萬元的房屋,這屬於「少選」,根據國稅局頒布的行政規則及解釋函令來看,少獲得的部分會被認定是出售土地的價值,所以原則上只會課徵土地增值稅,房屋部分則沒有契稅;但針對這部分,地方稅務機關是以「房地一體」的價值計算,也因此少選部分的價值(包含房屋跟土地),實務上還是會被要求申報土地增值稅、契稅。

在《都市更新條例》中,如果應分配價值小於「最小分配單元」而改領現金的權利人,可以免徵土地增值稅。以台北市為例,在《台北市都市更新自治條例》第11條中規定:「權利變換最小分配面積單位基準,為權利變換後應分配之建築物登記總面積扣除公用部份、雨遮、露台、陽台面積後,不得小於46平方公尺。」

在最小分配單元的限制下，如果王先生選擇 1,900 萬的房子，還剩下 100 萬元的權利，因沒有等值房屋可選，所以無法參與分配，也就是屬於不能選配，而非不願選配，就可以改領現金（即領取差額價金），而領取現金的部分可免徵土地增值稅。因此，即便王先生少選的部分會被認定為出售土地，但也因同時符合「不能選配」的條件，而免徵土地增值稅。

　　藍天佑也舉例提醒：假設可分配價值額是 3,000 萬元，但卻選擇了 2 間價值 1,000 萬元的房子，剩餘 1,000 萬元的分配額則可以領取現金。不過，因實施者（建方）所規劃的建案本來就有價值 1,000 萬元的房子可供選擇，但權利人卻不選擇該款房型，屬於「不願選配」，這就與王先生的案例不同，如果轉換成領取 1,000 萬元的現金，這部分就必須課徵土地增值稅，但可減徵 40%。

　　稅賦的規定極為繁雜，權利人遇到的狀況也很多，讀者們除了可自行蒐集資料外，建議洽詢專業地政士，找到最適合自己的選房方式。

房子該何時過戶給孩子較好？

> 　　王先生、王太太的年紀都大了，有考慮把房子過戶給孩子，但是該怎麼過戶？應該在都更送件前、還是都更完成且登記後過戶？差別又在哪裡？

藍天佑指出，以他多年辦理都更權利變換產權登記的經驗，這是最常被問到的問題之一。他建議王先生、王太太要先想清楚，做這樣規劃的目的是什麼？如果要把財產移轉給子女，無論採用何種方式，都會產生稅賦。這些稅賦包含：土地增值稅、契稅、印花稅、財產交易所得房地合一稅；如果沒有預先做好金流規劃，很有可能會被國稅局認定是贈與行為，可能還會產生一筆贈與稅。

藍天佑提醒，若要預估未來都更完成後移轉不動產產生的稅額，其實存在著很多變數，例如：土地公告現值、房屋評定現值的變動，以及實際出售價格等，因此在參與都更前的相關稅費預估、未來實際產生的稅額，可能會有不小的落差。通常會參與都更或危老的個案，屋齡基本上都達 30 年以上，如果權利人長期持有房產，那麼長年累積下來的土地增值稅是相當可觀的，這一點請長輩們務必要注意；反之，如果持有的時間不長，那麼土地增值稅的負擔就不會那麼高。

關於不動產移轉的方式，是用買賣還是贈與？王先生如果是以買賣方式移轉給孩子，房價的計算是以市價為基準，但是可以先申請自用住宅，這樣的話，土地增值稅就可選擇自用優惠稅率，節稅效果較高。但因為是買賣方式，所以要另外支付財產交易所得稅，而王先生持有土地的時間是在 2016 年以前，所以適用舊制；假如王先生的鄰居，他們取得土地的時間是在 2016 年之後，則適用「房地合一稅」課徵新制。

如果王先生夫婦選擇「贈與」的方式，房價的計算則是以土地公告現值及房屋評定現值為基準，但土地增值稅依規定只能以一般稅率計算，不適用自用優惠稅率，而且超過免稅額度的部分，要繳交贈與稅。以 2022 年財政部公告贈與稅之免稅額為例，王先生夫婦每年各享有贈與金額 244 萬元的免稅額度。

王先生的孩子將來如果要賣房屋，由於取得房屋的成本較

房地合一適用稅率

個人	房地持有情形	適用稅率
境內居住者	持有 1 年以內	45%
	持有 1 年以上、2 年以內	35%
	持有 2 年以上、10 年以內	20%
	持有超過 10 年	15%
	自住房地租稅優惠（必須持有並連續設籍滿 6 年）	課稅所得（獲利）400 萬元以下：免稅；超過 400 萬元部分：10%
	因調職、非自願離職或其他非自願性因素，以及與營利事業合建於 2 年內出售者	**20%**
非境內居住者	持有 1 年以內	45%
	持有超過 1 年	35%

低，而且已適用新制房地合一交易所得稅，會因為可扣除成本相對較低，應繳納的所得稅就會比較高，上頁提供一份表格來說明「房地合一稅」。

有一點要補充說明，必須持有並連續設籍滿 6 年，才能享有自住房地租稅優惠。

如果王先生夫婦在 2023 年 2 月將價值 1,900 萬元的房產以買賣方式移轉給子女，而子女在 2024 年 6 月以 2,100 萬元出售，另外支付仲介及代書費用約 65 萬元，這段持有期間計算土地增值稅的土地漲價總數額約 15 萬元。依據上表稅率（成交價額 2,100 萬元－取得成本 1,900 萬元－仲介及代書費用 65 萬元－土地漲價總數額 15 萬元）×45% ＝ 54 萬元。

至於該在都更前還是都更後執行房產移轉？藍天佑認為，這問題沒有標準答案，而是要看地主的目的、想法，以及因移轉所產生之稅賦多寡來抉擇。如果長輩的想法是先做財產分配，避免日後子女們因為遺產分配問題產生糾紛，並且願意繳納因此產生的稅賦費用，那當然就可以考慮在都更送件前辦理產權移轉。

但若長輩或子女在乎稅金的多寡，那麼要考慮的因素就很多，例如：在都更前先贈與或買賣，土地增值稅就可明確計算出來；如果都更完成登記後再辦理房產移轉，雖有土地增值稅、契稅減徵的優惠，但未來的公告房地價值、市價都不確定，就無法預先精確計算可能產生的稅額。

倘若讀者們有意透過都更或危老重建,將房產移轉到子女名下,建議尋求專業的會計師或地政士來協助,先以目前的稅法規定、稅率為依據,進行個案試算,才能有比較正確的資訊來作為選擇依據。

房子出租,可以申請自用住宅優惠嗎?

> 王先生有位鄰居已經搬到別的地方居住,但是社區裡面的房屋沒有賣掉,只是出租給一個小事務所作為辦公室,那麼他可以申請自用住宅優惠嗎?

關於自用住宅議題,相信很多人都非常在意,因為這關係到稅務問題。例如:在地價稅的部分,自用住宅用地的稅率只有2‰;但如果是一般用地,則是 10～55%,差異非常大。

讀者們首先要了解自用住宅的認定條件:依照土地稅法相關規定,自用住宅用地,指興建在此土地上的房屋是土地所有權人本人、配偶或成年直系親屬所有,並由所有權人本人、配偶或成年直系親屬設籍在這住宅內;此外,並無出租或供營業用之住宅用地。土地加總面積在都市區域是 300 平方公尺內,非都市區域則是 700 平方公尺內。

一般用地稅率

稅級別	計算公式
第1級	應徵稅額＝課稅地價（未超過累進起點地價者）× 稅率（10‰）
第2級	應徵稅額＝課稅地價（超過累進起點地價未達5倍者）× 稅率（15‰）－累進差額（累進起點地價 × 0.005）
第3級	應徵稅額＝課稅地價（超過累進起點地價5～10倍者）× 稅率（25‰）－累進差額（累進起點地價 × 0.065）
第4級	應徵稅額＝課稅地價（超過累進起點地價10～15倍者）× 稅率（35‰）－累進差額（累進起點地價 × 0.175）
第5級	應徵稅額＝課稅地價（超過累進起點地價15～20倍者）× 稅率（45‰）－累進差額（累進起點地價 × 0.335）
第6級	應徵稅額＝課稅地價（超過累進起點地價20倍以上者）× 稅率（55‰）－累進差額（累進起點地價 × 0.545）

　　無論是公法人或私法人所持有的房屋，原則上都不能申請自用住宅稅率，除非是被主管機關認定之公益出租人（法人），將所有的房屋出租予中低所得家庭供住宅使用者，房屋及地價稅率可比照住家用房屋稅率。出租房屋若是1樓，以王先生鄰居的例子來說，如果他想以自用住宅用地優惠稅率10%來課徵土地增值稅，那麼他在參與都更或危老後，於核准房屋拆除日的至少1年前，房屋就不能出租（含公益出租）或作為營業使用。

關於中止營業的日期，由於公司申請中止營業或移轉營業地址，都必須到各縣市商業管理單位申請，該單位會出具公文，公文上會有中止日期；這戶房屋是否能申請自用住宅優惠稅率10%課徵土地增值稅，就取決於中止日期必須在核准拆除日的至少1年之前。

藍天佑提醒，「中止租約或中止營業後，第一件要做的事情，就是要重新申請一次適用自用住宅稅率的房屋稅跟地價稅；但在參與都市更新或危老並辦理信託登記後、房屋拆除前，還要再申請一次。」這裡特別提醒讀者們，由於自用住宅的稅率包括「房屋稅」跟「地價稅」，如果拆除房屋後再辦理土地信託，因為房屋拆除後就不適用自用住宅用地規定，是無法單獨以土地申請自用住宅優惠稅率的。

另外，雖然在房屋重建期間免繳房屋稅與地價稅，但在房屋開始拆除到拆除完畢前，土地仍屬於原權利人所有，如果跨年度才完成拆除，在拆除完成時還是要繳納地價稅。所以建議在房屋拆除後再將戶籍遷出，如此在房屋拆除後的興建期間，屋主仍然可享有自用住宅優惠稅率。

特殊案例說明

王先生有位鄰居，想在都更完成登記後移轉1間價值1,900

> 萬元的房子給 25 歲兒子。兒子的月薪只有 3 萬元出頭，於是父母各自運用免稅的贈與額 244 萬元給兒子，剩下約 1,500 萬元讓兒子辦理銀行貸款，這樣做會有什麼問題嗎？

針對這個案例，藍天佑特別說明，在 1,500 萬元的貸款金額下，兒子每月的平均還款金額（本金＋利息）約 8 萬多元，遠超過兒子的每月收入，可能就會被國稅局以兒子還款能力不足為理由，進而認定這是贈與行為而非買賣。其實有許多父母認為，以後夫妻倆每年可以免稅贈與兒子合計 488 萬元，就可以讓兒子還貸款了，因此質疑為什麼不能是買賣，而一定得是贈與？實務上，這是非常錯誤的觀念。

藍天佑指出，依據國稅局現在的審查標準，在不動產移轉行為發生的當下，就要確認購買人有足夠的還款能力，王先生鄰居的兒子每月只有 3 萬多元收入，但是要還款 8 萬多元，明顯不符合此一條件。雖然將來父母可在贈與的免稅額內提供足夠的金錢給兒子償還貸款，但那是未來的贈與行為，無法援用在當下的移轉行為。

在國稅局的審查認定上，如果子女是因父母未來的現金贈與，才有能力取得房屋，就不能使用買賣的方式移轉。因此，如果父母想用買賣方式移轉房產給子女，一定要提早做好規劃。

藍天佑再舉一個特殊案例：有位老先生，他有一棟市價8,000萬元的房子登記在小姑名下，他想拿回來。但是房屋土地的移轉一定有費用，然而老先生認定房子就是自己的，只是掛在小姑名下，為什麼拿回來還要繳稅？但是問題來了──老先生怎麼證明房子是屬於自己的？

藍天佑認為，把房子賣掉變現，再透過現金贈與的方式拿回現金，這是最簡便的方式；因為依照他的實務經驗，二親等間的借名登記返還，還是有被課徵贈與稅的可能。

還有一種狀況，例如：原本登記的土地所有權人所適用的稅率是舊制，但移轉成另一人的時候，卻變成新制了；遇到這種問題，就算提早做規劃，還是會面臨「房地合一稅」的問題。

藍天佑說，地政士能做到的，只是盡量提醒大家，要注意移轉前後、新舊制稅法的差異，並且提供建議。無論如何，在移轉前釐清所有狀況，才是節省稅賦最好的方式。

若「土地所有權人」與「地上權人」不同，如何辦理都更？

萬一發生土地所有權人與地上權人不同（土建不同人）的情

> 形,地上權人因參與權利變換而產生的物權變動關係為何?又會產生那些稅賦?

早期登記土地或房屋時,法令不如現在嚴謹,所以常會發生土建不同人,或者持分比例與文件不同的狀況。

在辦理都更的權利變換時,雖然地上權人沒有土地,但卻持有建物,所以他還是可以分到一部分的價值。那麼在物權變動了之後,又會衍生出什麼樣的稅賦?藍天佑說明,以他曾處理的案件來看,這些狀況大部分是因為繼承的關係,尤其是透天厝,例如兩層的透天厝,房屋是媽媽繼承,土地是兒子繼承;或者房屋是兒子繼承,土地是媽媽繼承。

一般來說,能參與危老或都更的房屋都很老舊,因此權利人在改建後能分配到的價值會提高很多;在《都市更新條例》中,「他項權利人」跟合法建物所有權人,都屬於權利變換關係人。所以讀者們要先了解,地上權人是把他的權利構築在土地上,從估價的角度來看,如果是在地政機關登記有案的地上權,或持有合法建物所有權,在估價原則上,兩種權利就應該要分別估算,這在《都市更新條例》中有明確規定。

土地上面的土地所有權人、地上權人、合法建物所有權人,彼此間的關係像是生命共同體,這個生命共同體分成三部分。舉例來說:這三部分加總起來的價值如果是100元,100元中包含

地上權人有 5 元，合法建物權人可能也有 5 元，所以當地主領到 100 元時，有 5 元要分給地上權人，另 5 元要分給合法建物所有權人（以上僅為舉例，實際可分配比例仍需回歸個案討論）。

都更的重點在於土地的價值，所以不管是他項權利人或合法建物所有權人，可以分配到的權利都是比較低的；也就是說，地上權人或僅有合法建物所有權的所有權人，想要在都更後分配到建案中最小坪數的房屋，幾乎是不可能的。那麼因為「土建不同人」的狀況導致地上權人或合法建物所有權人無法分配到最小分配單元時，通常該如何處理？

藍天佑指出：「都更時產生的物權變動，依據《權利變換實施辦法》第 11 條規定，地上權人可分配土地價值過少，無法分配都更完成後的最小分配單元，就只能領取現金補償。」

當「地上權人」堅持分配房地時……

> 如果「地上權人」堅持要分配房地，不動產的物權變動該怎麼去做？

對於這個問題，藍天佑這樣說明：「在法令中規定，目前地上權人，也就是他項權利人或合法建物所有權人，在更新後所獲

配的房地,將被認定為是地主的無償移轉。在《都市更新條例》第 60 條第 4 項有規定,合法建築物所有權跟地上權人的分配視為土地所有權人獲配土地後的無償移轉;另外在土地增值稅部分,准用第 67 條第 1 項第 4 款的規定,可以減徵並准予記存,等到合法建物所有權人或地上權人移轉權利時,再一併繳納」。

為什麼叫「無償移轉」?應該說,「無償」的定義是指——地主與地上權人之間沒有對價關係,地上權人並未支付金錢予地主而取得土地所有權,在法律行為中,它是「贈與」的概念。藍天佑亦曾與一些稅務機關的長官討論過,雖然這類案例很少,但如果是無償移轉,按《土地稅法》第 5 條規定,就土地增值稅來說,辦理無償移轉的納稅義務人會變成是取得人(地上權人),但是可以減徵。

請注意,是「減徵」,而不是「免徵」,依據上述《都市更新條例》的規定,這部分的土地增值稅減徵 40% 並可以記存。「記存」的意思是,權利變換關係人可以先不繳這筆稅,日後土地所有權移轉予第三人,再一併課徵土地增值稅。

在都更的權利變換中,土地移轉是透過更新主管機關囑託「逕為登記」的概念,如果今天土地所有權人、地上權人、他項權利人、合法建物所有權人,更新後所分配房地,都已載明在「都市更新權利變換登記清冊」中,地政機關就不會把應該分配給地上權人、他項權利人、合法建物所有權人的房地先登記給原地主,然後地主再移轉給其他人。這狀況跟所謂「占有他人土地

的違章建物」不一樣；占有他人土地的違章建物在都更後可獲得選配的房地，是先登記給實施者（建方）之後，再移轉給違建占用戶。

政府提供了保障，地上權人及合法建物所有權人不用先把土地登記給地主，而是由地政機關直接把土地登記給地上權人、合法建物所有權人。總結來說：「土建不同人」的全部權利人參與權利變換分配更新後房地，仍然會有土地增值稅，但享有減徵、記存的優惠。

土地上的違章建築擁有人，能參與權利分配嗎？

> 王先生的國宅旁邊有塊小小的畸零地，地主也有意參與都更。但這塊畸零地被占用，而且還被占用人蓋了間違建的鐵皮屋，這可能會產生什麼稅務問題？

以這個案例來看，很明顯地，土地所有權人與違建建物的所有權人不同，屬於「占有他人土地的違章建物」之狀況。藍天佑說明，這樣的案例在以往經常發生，假設占有他人土地舊違章建築物的所有權人，選擇的不是「現金補償」而是「現地安置」，因為占有人沒有土地所有權，又在參與都更後得到了分配的房屋，就會產生稅賦問題。

這類稅賦會與合法建物所有權人的狀況不同，實務上來說，依據營建署的解釋，現地安置該是由實施者（建方）跟現地安置者達成協議，例如提供補償金，再加上違章建物所有權人應自行負擔費用的部分，加總起來再去選配一間房屋。但現行的做法中認定，違章建物所有權人應負擔的成本，實際上還沒有付出，因此變通的做法，是先把選擇的建物登記在實施者（建方）名下，等到違章建物所有權人把應繳費用支付給實施者（建方）後，再進行產權的移轉。

　　這類情形可以分成兩部分來討論：在「補償金」的部分，可以視為是違章建物所有權人的權利；在「應負擔費用」部分，有點像是實施者（建方）把共同負擔的成本移轉給違章建物所有權人。第一部分是因為權利分配得來的補償，第二部分則是買賣。經由買賣取得的權利，就會產生稅賦；但違章建物所有權人只要繳契稅就好，土地增值稅是實施者（建方）繳的。這樣的登記分兩段式，第一段先登記在實施者（建方）名下，第二段再移轉給所謂的安置戶，也就是原來的違章建物所有權人。

　　例如：違章建物所有權人應安置面積價值為 200 萬元，但他又繳了安置應負擔費用 600 萬元來取得房屋，實際上他要付給實施者（建方）的只有 600 萬元，200 萬元是應領未領的安置價值，200 萬元的部分在實務上類似原有權利，因此就不用再繳稅。

　　在法律的觀念上，違章建物所有權人占據了合法地主的權益，地主與實施者（建方）願意提供現地安置，已經算是寬宏大

量,當然就不可能比照合法的地上權人跟合法建物所有權人,享有相當的稅務優惠。他所付出的安置應負擔費用,性質上屬實施都市更新事業的收入,非屬實施都市更新事業之成本或費用,就沒有所謂減徵或免徵的適用。

住戶的「租金補貼」與「拆遷補償費」需繳稅嗎?

> 王先生知道,房屋拆除後到興建完成的過程中,他會領到一些補貼,這些補貼需要繳稅嗎?

關於王先生的問題,藍天佑表示,其實在都市更新事業計畫或權利變換計畫書上,只會出現兩種補貼,也就是「拆遷補償費」跟「租金補貼」;但是建方通常都還會再給住戶所謂的「搬遷補貼」,因此我們可以把搬遷補貼跟租金補貼合併來看。

藍天佑說,在現行規定中,首先我們要界定哪些是「損害補償」性質?哪些是「非損害補償」性質?所謂「損害補償」是指國家為了促進公共利益而辦理公共工程,綜合衡量其必要性、比例性、最後手段性等因素,但仍然必須使用到地主的私人土地,此時國家應該依法實行一定程序後,發給地主補償費。

如果是「損害補償」,原則上就不會被併入綜合所得課稅;

但如果是「非補償性質」的，例如：住戶願意提早搬家，建方就多補貼給住戶 5、10 萬元，這就不是損害補償，而是獎勵，獎勵就必須納入綜合所得計算所得稅。

關於「租金補貼」，當建方跟住戶達成協議，建方提供一些補貼讓住戶去租房子，這並不算是損害補償，當然不能免稅。可是我常遇到一些住戶表示：「我本來不用付租金去租房子，但都更後要付好幾年的租金，當然建方該給我一些補貼，這為何需要繳稅呢？」

在危老或都更中，建方沒有義務去補貼住戶租金，例如「危老」，本來房屋就有問題，所有權利人都同意要改建，租金就應該由住戶自己承擔。又例如「都更」，建方和所有住戶都參與了權利分配，既然得到都更的權利，那麼從拆遷到建案完成交屋這段時間的租金，視為住戶本該支付的成本，並列入共同負擔。所以我們才稱之為「租金補貼」，而不是「租金補償」；租金補貼是額外的收入，就會列入所得稅計算。無論是營業用租金補貼或住宅用租金補貼，也就是所得稅法中的「其他所得」。

有所得就要課稅，但可能有一些相關費用可以扣除，以藍天佑經手的某個海砂屋改建個案為例，在法令上有規定：「個人取得的海砂屋重建補助款，得檢具鑑定費用收據，補助款扣除鑑定費用後的餘額，才視為所得來申報個人綜合所得稅。」讀者可能會問，鑑定費用屬於可扣除的成本，那麼海砂屋補助款要課稅，這樣合理嗎？稅務上依據補助款發放的標準，這類款項屬於補

助,而不是損害補償,只有損害補償才可以免稅。

總而言之,「補償」跟「補貼」雖然只有一字之差,但在稅法上的認定是完全不同的,讀者們在參與都更時,一定要清楚兩者間的不同,才能保障自己權益。

權利變換「逕為登記」流程

> 王先生跟他的鄰居們都有個疑問,為什麼要花那麼多時間去做「逕為登記」?

關於交屋過戶程序,政府的規定已經非常詳細,都更與一般預售屋的交屋流程都相同,只有過戶的程序不一樣,**都更戶的過戶程序稱為「權利變換逕為登記」**:藍天佑更進一步補充,權利變換登記與一般登記最大的不同,就是逕為登記必須透過「**囑託**」的方式。政府機關為執行公務,基於職權,函囑登記機關辦理登記,因此囑託登記就必須由政府機關或法院向登記機關進行囑託。而權利變換登記有以下幾個流程:

首先要做土地的地籍整理,依據《權利變換實施辦法》第28條第1項第2款規定,地籍整理在申請使用執照的時候就可以申辦。使用執照的核發,一般需要2個多月～3個月左右。地籍整

理的目的，是要把更新前的所有土地整理成一筆地號，或是不同使用分區的多筆地號，當地籍整理的土地有了預編新地號後，使用執照核發下來，就可進行權利變換。

權利變換要先進行「建物測量」，建物測量原則上也需要囑託，也就是說，使用執照核發後，實施者（建方）應發函給都市更新的主管機關申請測量，再由主管機關函轉到地政主管機關，地政主管機關會去審查建物測量的結果。一般來說，測量時間大概需要 2 週左右的時間。

測量完畢後，實施者（建方）會領取最終建物測量成果圖。建物測量的結果非常重要，每一戶更新後的產權面積，必須跟核定的一模一樣；如果都沒問題，就可以進行下一個階段的囑託權利變換登記。萬一測量結果跟核定的不一樣，那問題就很嚴重，假如受到影響的面積很小，可以向都市更新主管機關申請簡易變更，但也需要花費 1～3 個月的時間。

如果房地面積差異實在太大而影響大多數權利人的權益時，那就不能做簡易變更，一定要辦理一般變更，這等於是重跑一次公聽會及審議流程，時間將會拖得很長；但基本上，現在的實施者及建方不會犯下這種錯誤。

權利變換屬於一種預算機制，預算報告書的最終結算，就是以預定建物產權面積的核定版為準；如果建物測量的面積有所變動而與核定值不同，就會影響到都市更新權利變換的結果。因為

權利變換的結果產生權值變動，在屋主選配的部分會產生差額，我們稱為「差額價金」，差額價金的找補，在稅務上都定義為買賣。

差額價金繳領完成後，檢具繳領清冊去稅捐單位辦理核課土增稅及契稅，進度視建案的規模及權利人的差額價金繳領情況而異。遇到比較單純的案件，可能1個月就下來了；但假如是複雜的案子，可能需要1.5～2個月。在稅單核發後，納稅義務人應自行繳稅，繳完稅才可以發文到囑託登記的主管機關。以最順利的情況來說，從囑託測量一直到公告完成拿到權狀，會需要4～4.5個月。如果案件有任何問題，時間上會需要更久。

有些讀者會想問：「產權登記流程為什麼比較久？」原因在於實施者（建方）的圖冊送交主管機關後，主管機關才能用公文囑託地政單位辦理登記，而地政的登記有一些公告，這些公告一樣都不能少，所以會花費比較多時間，大概需要3～6個月不等。下頁圖表即可幫助讀者們理解，從最開始的事業計畫報核階段，到最後產權移轉登記的流程。

簡單一點來說，在取得房屋使用執照後，實施者（建方）會辦理房屋稅籍登記及都更後的稅賦減免等，並將副本函送都更主管機關，都更主管機關再以囑託的方式，請登記機關依據權利變換計畫內容，辦理權利變更或塗銷登記、換發權利書狀等；之後就可以請住戶來點交，並完成產權登記。

都市更新（權利變換）流程與分工說明

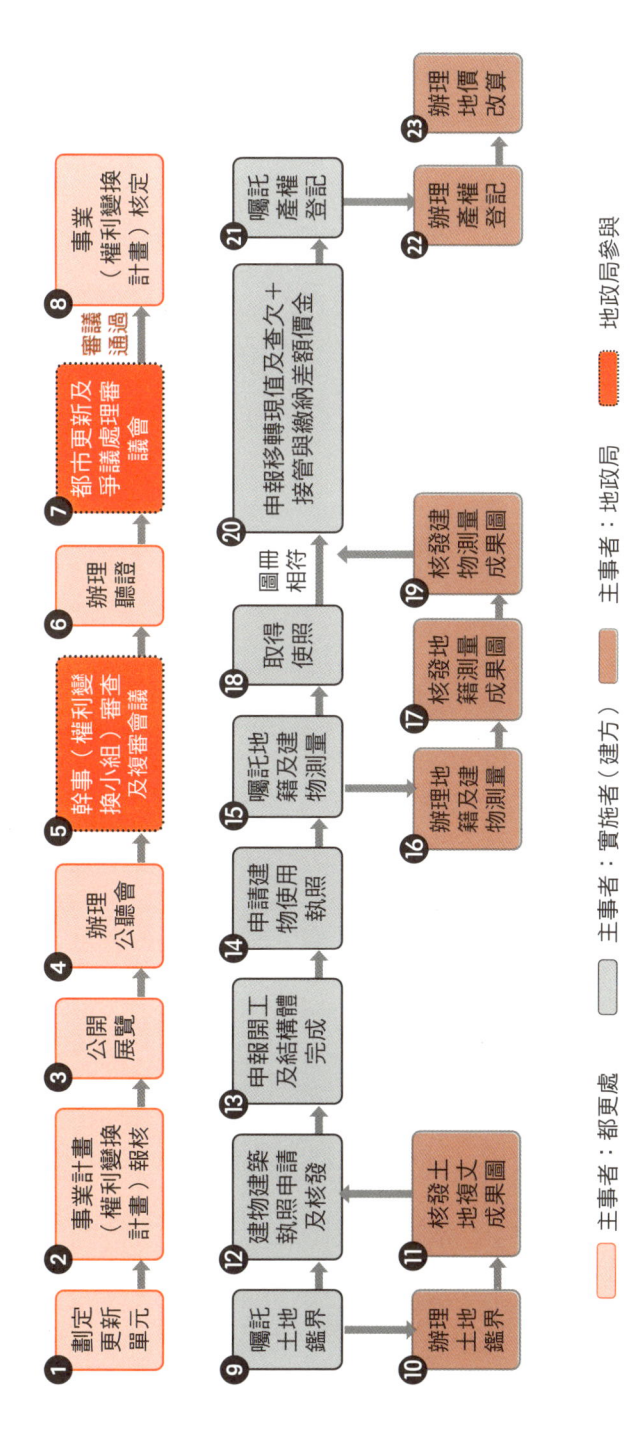

1. 劃定更新單元
2. 事業計畫（權利變換計畫）報核
3. 公開展覽
4. 辦理公聽會
5. 幹事（權利變換小組）審查及複審會議
6. 辦理聽證
7. 都市更新及爭議處理審議會
8. 事業（權利變換計畫）核定
9. 囑託土地鑑界
10. 辦理土地鑑界
11. 核發土地複丈成果圖
12. 建物建築執照申請及核發
13. 申報開工及結構體完成
14. 申請建物使用執照
15. 囑託地籍及建物測量
16. 辦理地籍及建物測量
17. 核發地籍測量成果圖
18. 取得使用執照
19. 核發建物測量成果圖
20. 申報移轉現值及查欠＋接管與繳納差額價金
21. 囑託產權登記
22. 辦理產權登記
23. 辦理地價改算

審議通過：7 → 8
圖冊相符：19 → 20

圖例：
- 主事者：都更處
- 主事者：實施者（建方）
- 主事者：地政局
- 地政局參與

PART 2
第3章　參與都更，你要繳哪些稅？　129

透過繼承轉移房產,最能節稅

> 王先生夫婦雖然有考慮把都更完成後的房屋過戶給孩子,但難免地,他們心想自己辛辛苦苦一輩子,好不容易有了1間自己的房產,也很幸運地可以參加危老或都更重建,為什麼要急著馬上轉給下一代呢?

藍天佑說,如果王先生夫婦名下只有1間房屋,無論房價(市價)是1,900萬元或2,400萬元,都可以預先規劃移轉方式,但還是要看個案的實際狀況。資產移轉難免涉及屋主或地主的家庭隱私,最好尋求有經驗、信用卓著的會計師及地政士協助。

在某些狀況下,其實透過「繼承」的方式轉移房產,是可以省下最多稅金的。如果權利人的資產很多,藍天佑建議不妨提早規劃,他並補充說明:「繼承是一種資產移轉的方式,如果沒有其它需求的話,繼承的節稅效果是最好的。」

在前面的文章中,我們已經探討過,如果採用買賣或贈與的方式移轉房產,都會產生契稅、土地增值稅、贈與稅等稅賦;但如果使用「繼承」方式,就沒有土地增值稅、契稅的問題,不過仍需計算將來可能的遺產總額,才考慮是否選擇以繼承方式移轉房產。

第 4 章

認識信託

信託的安全性

> 在都更程序中，王先生知道他要把產權信託，但什麼是信託？信託有什麼好處呢？

相信很多人對「信託」並不熟悉，先用法條來解說。依據《信託法》第1條：「信託」為「委託人將財產權移轉或為其他處分，使受託人依信託本旨，為受益人之利益或為特定之目的，管理或處分信託財產之關係。」

也就是透過「委託人」（提供財產的人）、「受託人」（信託業）及「受益人」（委託人想照顧的人）三個角色的連結，幫助有財產規劃需要的人，以更有效率、更安全的方式達到目標。委託人將財產權移轉給受託人後，受託人需依信託契約約定的信託目的，為受益人之利益或特定目的，管理或處分這筆財產，直到契約期滿或信託目的完成為止。

那麼，信託在都更中扮演什麼角色呢？根據《都市更新條例》第36條第3項規定：都市更新事業計畫以重建方式處理者，第1項第20款實施風險控管方案依下列方式之一辦理：

（一）不動產開發信託。
（二）資金信託。
（三）續建機制。
（四）同業連帶擔保。

（五）商業團體辦理連帶保證協定。

（六）其他經主管機關同意或審議通過之方式。

最常見的方式是「**不動產開發信託**」——「實施者（建方）或權利人，把建案的土地、興建資金等，信託給信託業者（金融機構），起造人信託給建經公司，銀行則負責土地產權信託及信託專戶資金保管。」透過信託的方式，可減少權利人與實施者（建方）之間因信任不足而產生的整合問題，同時可避免建方破產、資金被挪用、土地及建物所有權人之產權因繼承或債權追索而產生的變動風險等。

由銀行擔任受託人的優點，則是便於融資、專案管理、具有降低工程風險的續建機制等。此外，信託銀行受行政監管的程度較高，也比較具有公信力。以重建為目的的都市更新信託，無論由信託業或非信託業擔任受託人，都與不動產開發信託類似。不動產產權與興建的所需資金，在都更期間都是由受託人管理。

雖然這種專案管理的做法，可降低都更事業中無法完工的可能性；然而，當推動都更的資金不足而發生建物無法完工之風險時，受託人並不負有以自己之財產支付都更及興建不動產所需費用的義務。因此，都更信託有賴續建機制的搭配，這可以在信託契約中約定。

而所謂「不動產開發之續建機制」，是指建方與受託人就不動產開發案，在信託契約內約定，在建案施工期間，當建方發

生特定事由時，由特定人（例如受託人、融資銀行）或特定團體（如受託人召集地主、建方、融資銀行等組成之信託關係人會議或由受託人召集以買方為主體之全體受益權人會議），就建案是否續建所為之評估、決定機制。

因此，受託人在信託關係中負責管理、運用信託財產，在續建機制中占有舉足輕重之地位。關於信託的注意事項，我們將在以下文章中討論。

簽署信託應注意事項

> 王先生想知道，簽署信託時要注意哪些事項？

目前大部分都更案，都是採取「不動產開發型信託」。請讀者們務必注意，在簽署信託契約前，一定要知道自己是在簽署哪一種信託？有些在開發前段簽署的信託，只是實施者（建方）想避免所有權人做無謂的產權移轉，這就只是單純的土地信託，不屬於不動產開發型信託。

如果是不動產開發型信託，一般會在快要成案、也就是在都更案的核定前，銀行才會開始評估實施者（建方）所需的建築融資，並要求信託一併處理。也就是說，資金信託、土地信託兩者

要綁在一起進行，才屬於不動產開發信託。簽署信託契約前的第一件事，就是檢視信託契約的內容，信託契約必須把合建契約以附件方式放在裡面，這樣才能夠確保所有權人的權利義務有受到保障。

一般建議使用銀行的公版契約就可以，信託契約是在《信託法》管控下的安全機制，但要注意，如果銀行將合建契約中沒有提及的內容放進信託契約裡面，這可能就有風險。如果對信託契約有疑慮，可以請銀行的信託部門來協助解釋。

信託契約中的權利與義務

> 王先生想更進一步知道，信託中的彼此，有什麼權利義務關係？

針對王先生的問題，先簡單說明。信託契約中的權利義務關係，包括了：信託財產、有無續建機制、信託的期間、中止與解除等。所謂「續建機制」，前面已說明過，就是萬一建方無法完工時，要有一個續建方案，確保都更案能繼續執行，以確保其他人的權利。

從信託財產就能看出信託的類型，如果只有載明地主將土地

產權移轉給信託單位，就是單純的土地信託；都更信託的標的，必須把實施者（建方）的資金、銀行融資、預售收入等，都納入信託項目中；而信託的期間，一般是從簽約開始到信託目的完成。信託的目的是讓建案順利興建完工，以及完成建物所有權第一次登記，因此在實施者（建方）完成交屋、產權移轉後，就會解除信託，把完工後的土地建物返還給權利人。

地主要把土地信託給銀行，代表土地的產權要移轉給銀行，其中會有一些地政登記的程序。大家不用擔心土地會不會被銀行侵占，因為當你信託完了之後，在謄本上會註記這是信託關係，還會把委託人的名字寫上去。所以在做地政登記時，地政士一定會跟地主說明需要提供哪些資料，地主需提供權狀、身分證影本，而且本人要在場，這些都是地主應盡的義務。

信託契約的內容中，必須註明在什麼條件下契約才會中止或解除，亦即時間點，這也是權利人需要注意的地方。信託是保障都更案進行的最佳方式，讀者們若參與都更，一定要仔細閱讀信託契約的內容，在本章節已說明注意事項，讀者們不妨多加參考。

第 5 章

什麼是代拆機制？

代拆的可行性

> 雖然大部分的住戶都同意都更，但還是有少數人有意見。王先生擔心，萬一有不同意戶出現，那該怎麼辦？政府會出面協助處理嗎？

在各地的都更案中，不同意拆遷的住戶（也就是俗稱的「釘子戶」）幾乎都會出現。依照 2019 年修法後的《都市更新條例》第 57 條規定：政府可使用「代拆機制」，保障其他同意戶的權利，並確保都更案的執行。

所謂「代拆機制」是指——都更案核定後，對不願意配合拆遷的不同意戶，至少經過兩次私調（自辦協調會）的磋商過程仍無結果後，政府再以公權力介入、執行拆遷工作，這是相當明確的規定。也就是說，只要是採權利變換方式實施，並且經過主管機關核定的都更案，如果還有不同意戶拒絕搬走，經實施者（建方）提出申請，政府就會提供協助，進場執行強制遷離。

當然，在政府施以公權力之前，實施者（建方）必須要先與這些不同意戶磋商，在法令上的規定是「本於真誠磋商精神予以協調」，表示實施者（建方）必須要去了解對方不願意配合拆除的理由，並給予協助。簡單來說，就是去了解這些不同意戶還有什麼需求，或者需要什麼幫助，例如：弱勢家庭可能需要申請相關的補助、協助租房等。

如果實施者（建方）盡力協商了，不同意戶還是拒絕搬遷，實施者（建方）就能向政府申請代拆。政府會與不同意戶再進行協商；若協商無效，各機關就會依據法定程序執行強制拆遷。

多久能完成拆除？

> 王先生問，在公權力介入的狀況下，多久才能完成拆除？

王先生及其他都更同意戶共同的想法是：「究竟要多久才能完成全部拆除？」這應該是大家最關心的議題。在台北市，整個流程至少需要1年，政府必須一而再、再而三地確認不同意戶的理由及想法，至少要開過兩次公辦協調會。公辦協調結束之後，還需經審議會確認程序與結果都符合實施要件，之後審議會才能做出強制拆除的決議；但在新北市，目前執行流程稍微快速一些。

所以，首先要看實施者（建方）能不能在第一階段自行辦理的磋商過程中，就與不同意戶達成協議；第二，不同意戶在什麼階段才能真正理解到，他不能再無理性地遲延、推託。磋商機制的重點，在於實施者（建方）是否已提供足夠協助，但協助不是無限制的條件交換。有許多民眾會質疑政府執行代拆的決心，其實雙北迄今已完成許多代拆的申請與執行，只是沒有出現警察、

消防員、怪手進場的新聞畫面，以致於大眾對政府公權力的執行有所誤解。

有一些案子，在申請代拆後的幾個月內就能解決，因為某些不同意戶並不是真的不同意，而是還抱持「最後一個搬遷者，也許能拿到最好條件」的錯誤認知；但當這類不同意戶意識到政府公權力即將介入、已經沒什麼條件好談了，其實還是會以自己的房地能得到都更重建利益為前題，自己搬走。

也有很多人會質疑代拆是否違憲？在「文林苑案」之後，經過大法官釋憲，《都市更新條例》也歷經了漫長時間的討論跟修法，最後確認，凡經政府核定的權利變換計畫案，只要沒有違法或瑕疵，就是一個合法的行政處分，政府的公權力就能介入來協助執行。但有一些案子確實在通過後，經「行政救濟」被行政法院判決撤銷核定，多半是因為這些案件在審議過程有瑕疵，於是被提起訴願，經過訴願確定，使原先的核定被撤銷。

但仍需說明的是，核定被撤銷只是回到未核定的狀態，也就是需要政府機關重新審理，或者待實施者（建方）把程序補正後，這份都更案還是可以被核定，只是時間拖得久一點而已。

政府代拆執行的案例

> 在《都市更新條例》修訂後，確認政府應當合法執行代拆機制，我們在這裡提供兩個近年的實際案例，供讀者參考。

對都更比較關心的讀者，應該發現自2023年3月～2023年8月，台北市就執行了兩次都更代拆，一次是3月份的公辦都更代拆，一次是7月份的民辦都更代拆，在此簡單說明。

3月份執行的代拆案，是台北市木柵區的一個公辦都更案，權利變換計畫在2021年4月就已經核定，最後有一戶不願拆遷。不同意戶主張：土地的估價低於市價的15%，而且原先規劃在基地後側的社會住宅，最後卻是遷移新建的大樓內，這件事在市府辦理選配後才告訴大家云云。但由於其它住戶都已搬離，在多次私辦協調會、兩次公辦協調會後，不同意戶依舊不願自行搬離，在市府溝通無效後，最後還是實行公權力，強制拆除最後的不同意戶。

另一個是2023年7月份執行的民辦都更拆遷案，這個案子在台北市萬華區，2017年核定權利變換計畫，2018年底取得建照。整個都更案共有47個權利人，在實施者（建方）取得建照後，還是有6個人不同意，最後經過市府6次協調、開過3次審議會，最後有2人3戶因為與實施者（建方）有案外私權糾紛，

並未同意搬遷。如同之前的公辦都更代拆案一樣，為了保障多數同意戶的權益，最後市府還是依《都市更新條例》第 57 條規定，依法執行代拆作業。

台北市政府為了這次的代拆任務，多次召開府級工作會議及做好現地會勘，整合社會局、衛生局、消防局、警察局萬華分局、區公所等單位做好支援準備，預先塗銷部分機車格，以供消防、救護車輛、巴士使用。同時也針對代拆日當天的情況，模擬多種可能發生的情況，並規劃適合的應對方式。市府縝密的代拆計畫推演，終於讓程序得以順利執行，並將損害降到最低。

另外補充一點，在《都市更新條列》修正法中還規定：經判定的危險建築，可免除實施者（建方）與政府的磋商程序，直接執行代拆，如此將有機會加速未來改建案的速度。

在公平、公開、合理、透明的機制下，多數權利人都是可以接受權利分配的結果，但還是會有少數人希望能讓自己的利益極大化，並以拒絕拆遷為條件，要求更多的分配或補償，這在代拆機制下是行不通的。當一切磋商及審議程序都完成，公權力還是會依法介入，台北市這兩個代拆案就是最好的例子，政府為了保護多數同意戶的權益，一定會介入，以確保都更案能順利進行。

PART 3
建築師與施工安全等關鍵因素

土壤液化、損鄰怎麼辦？客變、驗屋、保固、點交等爭議說明

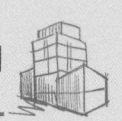

第 1 章

建築師怎麼看都更？

在都更中，建築師扮演的角色

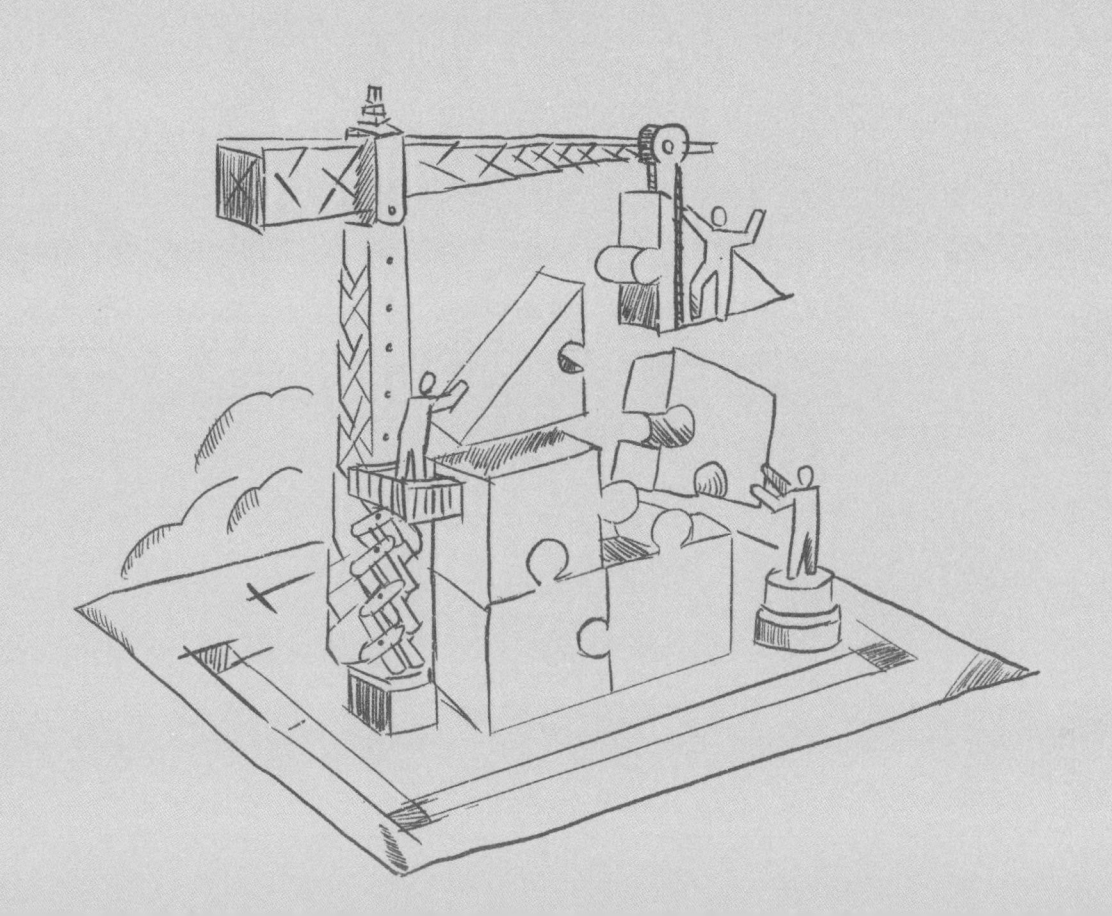

相信任何一個參與都更的住戶，對未來新建的住宅都有深切的期許。都更宅會有什麼風貌，端賴建築師的設計規劃，對此，建築大師李天鐸提出一些看法供讀者參考。

「新建案的規劃，就像一張空白的畫布，在一塊土地上，假設建方規劃出 80 坪的房子幾棟、40 坪的房子幾棟，希望採取什麼樣的設計概念？希望規劃什麼公共設施？我們建築師就能把建築物設計出來。」

「但是，都更宅不一樣。對於新住宅，都更戶會希望一些符合過去生活經驗的需求；但銷售戶看重的則是未來生活的需求，而銷售戶才是建方利潤的來源。在設計上，這兩種想法難免有衝突。」李天鐸指出，面對這樣的狀況，都更戶跟建方都要有一個觀念──不要過度堅持自身的利益，而是**彼此尊重，選擇最好的設計，把房屋的價值最大化**，才是雙贏的做法。

再來，就是「成本」的問題。以往人們對住宅品質的要求不高，不講究外觀，沒有綠化也沒關係，先有得住就好；但隨著時代進步，整個建築物的外觀設計、周邊景觀規劃、建材選擇等，都關係到房屋的價值。

李天鐸說：「以前蓋 4 層樓的公寓，路樹可能就有 2、3 層樓高，樹冠蓋住大部分的建築物，大家可能就不會那麼在乎設計；但現在的建案，動輒 10 幾、20 層，整個外觀顯現在人們眼前，設計上要更講究，也需要額外的裝飾配件或綠化造景，這些

在在都是成本。」

如同前面提到,「房屋的設計」關係到未來的價值,李天鐸則建議,都更戶及建方或許可以考量較高的設計成本、營建成本,在彼此能接受的程度下,提升房屋的價值。

李天鐸希望,都更不只是原住戶與建方的合作,更希望能有建築師參與,所有人一起來努力,蓋出一棟最符合所有人期待的建築。

建築師在都更中的重要性

曾參與多起都更案的建築師李文勝這樣認為,建築師是把建築設計製作成圖面,並以此為橋梁,去跟權利人及實施者(建方)溝通,也與審查都更案的官員溝通;透過圖面,展示出未來都更案的願景,讓所有參與都更的成員,都能在腦海中看到未來的建築物是什麼樣貌。

「都更」會與一般建方的「自建案」不同,在自建案中,建築師只要與委託的業主做好溝通,把產品定位做好,彼此達到共識就可以;但是在都更案裡,建築師要把圖面或艱深的建築術語,用平易近人的方式讓權利人去了解建築設計,要做到這一點,耐心地去與權利人對話,非常重要。

李文勝就有這樣的經驗，在都更的說明會中，他做完簡報以後，很多權利人會發問，例如：這樣的設計有什麼目的？他們的需求有沒有融合在設計圖裡？他總是耐心地說明，讓權利人更能確定都更的未來性，也讓一些還沒決定參與的住戶更有信心，加速都更案的推進。

　　建築師的設計也關係到審查速度，有經驗的建築師會考量到都市規劃及都市設計，例如：景觀計畫、公共安全配置等，而面對專業的審議委員，那就要用不同的溝通方式、不同的語言去說明，讓審議委員能夠認同，順利完成審查程序。李文勝說：「成功的溝通，就是我希望扮演的角色。」

　　李文勝也了解，權利人把使用多年的房屋交到實施者（建方）與建築師手上，無非就是希望能夠得到一個更安全、生活機能更好的新屋，這是建築師最大的責任。而在權利人看到圖面時，李文勝建議以下幾個重點。

　　首先，就是在希望的坪數中，建築的設計能不能達到自己的居住要求，例如：房間的間數、客廳的大小等。第二，是依據自己的生活習慣做出選擇，例如：有些人喜歡面向馬路的位置，因為通風採光可能比較好；有些人喜歡靠巷子，因為怕熱；有些人不喜歡電梯旁，因為怕吵。第三，就是公設比的問題，有些基地較大，會創造出較多的公設空間，但是多出來的公設會造成管理費的增加，這就要跟實施者（建方）討論。

然後，是關於車位的設計，開門時會不會撞到柱子；或是在邊角的設計上有沒有預留多餘空間，讓你有迴轉的餘裕；或者有放大這些效益的細節。最後，是實質環境的設計，例如：顏色或建築風格，有沒有壁刀要閃過等，這些都可以與建築師再溝通。

李文勝認為，一個建築物及周邊的環境，並不是為了建築師而設計，而是為了住在這裡的人去做設計；他必須思考，如果今天這棟建築蓋完之後，它對都市的開放空間、對都市的一個人行步道系統，甚至對周邊的公共交通安全、整個景觀的綠化，是不是做出了實質的貢獻。

每當李文勝接到都更案時，總是會仔細品味這塊基地，思索著在設計中，能與都市產生什麼樣的互動，能產生一個怎樣美好的新空間。「將都更後的新房屋，變成所有參與者希望的樣子，變成這個都市希望的樣子，這就是設計師最重要的責任」，李文勝這樣表示。

第 2 章

土壤液化及施工安全

土壤液化不可怕,遇到「損鄰」怎麼辦?

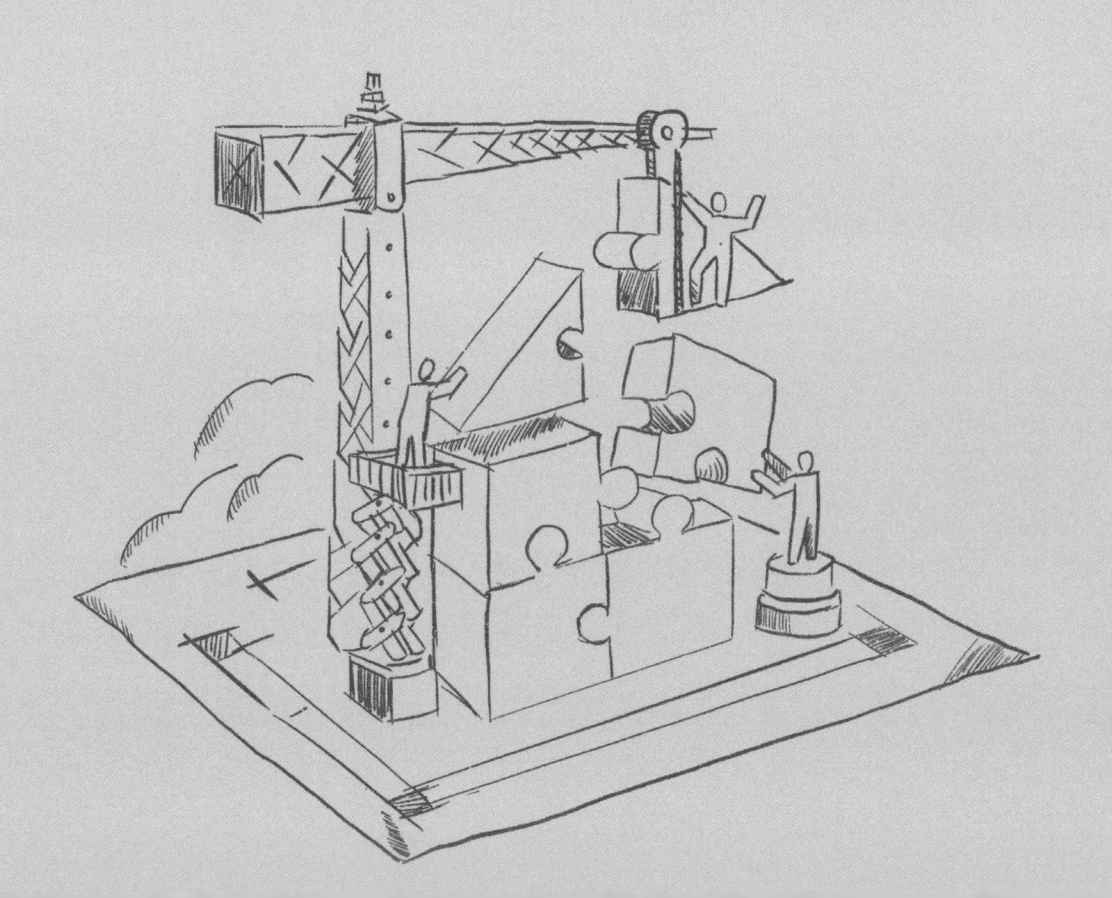

2023年9月7日，台北市大直區的基×案，因施工不善，造成鄰近7棟住宅受損，甚至有一棟房屋直接陷入地底，5樓變4樓。此事件造成社會譁然，引起大眾對於建築物安全的諸多疑慮。

此次發生意外的工地，是一個海砂屋重建案。在2023年3月時，就有鄰近住戶發現房子有問題，並向有關單位投訴；7月時，台北市政府都市發展局回函技師公會，鑑定結果無異常，不需列管；9月1日，建設公司收到儀大工程顧問公司的「數據異常」回報；9月7日，鄰房傾斜倒塌。而後經市政府判定，建設公司需擔負「損鄰」賠償責任。

關於土壤液化問題

由於發生意外的工地位於基隆河截彎取直後的區域，大家首先注意到的是「土壤液化」問題。台北在300多年前是一個湖，除了靠近山邊的區域較會受到岩塊支撐，其它地方全都算是地質環境較鬆軟的區域。

曾參與紐約世貿大樓改建、補強工程的結構技師張盈智指出，土壤液化其實是一種自然現象，就像水加溫到100度以上會變成水蒸汽、低於零度以下就會會結冰。土壤液化會有幾個要件：「第一是砂土，第二是地下水的水位要高，第三是受到的震動幅度要大，包括強度夠大的地震」，符合這三個條件，才會發生土壤液化的情形。

簡單來說，土壤液化就是砂、水混在一起，變成像泥漿一樣的液體，此時土壤失去支撐力，造成地層下陷、房屋倒塌或傾斜等災害；這在921地震時就很明顯，有些房屋是因為老舊而崩塌，但很多是因為土壤液化造成的地基不穩而傾倒。不過，很少有像大直基×案一樣，建築物直接下陷的情形。

　　張盈智提供讀者們一些重要訊息：「首先是砂，緊密的砂及黏土層不會發生土壤液化的狀況，疏鬆砂才會，疏鬆砂會有孔隙讓水跑進來，造成像流砂一樣的液化現象；第二是水，地下水位只要在地表下20公尺之內，就容易有土壤液化情形。」

　　面對土壤液化，張盈智認為，其實大眾也無須過度緊張，就像台灣常常有地震，但我們不會因為地震就不蓋房、不買房，重點在於購買抗震的房屋；面對土壤液化也是一樣，如果我們知道這個區域屬於土壤液化區，就要選擇可以抗土壤液化的房屋。

　　對抗土壤液化一般有幾種設計，第一種是地基以下採用「基樁」，只要基樁打入岩盤，房屋就有足夠支撐力；即使打不到岩盤，只要基樁的尺寸、長度、數量足夠，在發生土壤液化時，基樁也能提供足夠的承載力，房屋不至於傾斜或下陷。第二種就是「地質改良」，包括：置換土壤、灌漿、動力夯實等工法。

　　但一般民眾可能對這些技術較不了解，也無法確認施工品質，所以張盈智表示，以雙北來看，只要地下室有3層以上，那麼連續壁就會打到20公尺以上，這樣的房屋就不會有土壤液化

的問題。如果是 1990 年 12 月 29 日以前核定的老公寓、華廈、透天厝，由於基礎不夠深，那就要仔細考慮風險問題。

目前雙北的大部分區域，都已做過土壤液化的調查，如果建案位於地質較敏感的區域，依據規定，建方一定要做地質鑽探，甚至檢測地下水位等事前調查，依據建案區域的地質特性，去執行後續相關工程的設計與規劃。除此之外，如果建案周邊有捷運等大眾運輸設施，施工單位對於工程安全的規範、要求就會更高。只要事先做好地質調查、建築規劃、防災評估，並且確實依據設計要求，按圖、按步驟來施工，所有的建築物都可以是安全的。

如果讀者們想知道自己住家附近的土壤液化趨勢，都可上網至「經濟部土壤液化潛勢查詢系統」查詢。但住家附近土地的土壤液化狀況，並非建物安全的關鍵因素，關鍵在於建物的結構、設計，是否足以對抗土壤液化。

發生損鄰怎麼辦？

以上述「基×案」為例，經北市府調查，基×建設在施工過程中有疏失，必須承擔損鄰賠償責任，這也讓許多讀者對於工程安全產生疑慮。而在建築的營建施工中，多少都會對環境造成一些影響，例如：開挖地基時，旁邊的土壤因解壓，可能會有一些流動或傾斜，此時數據管制就很重要，例如：實施者（建方）要

六都損鄰處理法令差異及規則比較表（修法後）

六都		台北市	新北市	桃園市	台中市	台南市	高雄市
施工前**現況鑑定**		應辦理	應辦理	（有開挖）應辦理	應辦理	（一般）得辦理 （一定規模）應辦理	
損鄰會勘	認定方式 公共安全	建築師、技師 **第三方專業公會複核**	建築師、技師（書面認定）	建築師、技師（書面認定）	建築師、技師	建築師、技師（書面認定）	
	認定方式 損害責任	建築師、技師 **第三方專業公會複核**		建築師、技師（書面認定）	建築師、技師		無公共安全：建築師（書面認定）
	會同勘察	**第三方專業公會會同**	無	有	有	無	無
鄰房不服**(責任鑑定)**		找第三方公會鑑定 **建商先付費**	住戶先自費找第三方公會鑑定	住戶先自費找第三方公會鑑定（**鑑定為施工損害後，建方付費**）	住戶自付費找第三方公會鑑定		
損鄰規則處理範圍		開挖深度 3 倍	開挖深度 **4** 倍	開挖深度 3 倍	開挖深度 3 倍	開挖深度 3 倍	開挖深度 **2** 倍

在鄰居房屋的外牆上掛上傾斜儀，也要掛在自己工地的連續壁上，隨時觀測相關數據是否在安全範圍內。

基×案是相當嚴重的損鄰事件，事件發生後，台北市政府針對損鄰處理法令做了一些修改。上頁提供一份台北市建管處的表格，讀者們可依此了解目前六都對於損鄰的處理原則。請特別注意損鄰事件的處理範圍：在台北市是開挖深度的 3 倍，如果開挖深度是 15 公尺，那就是工地周邊 45 公尺範圍內；新北市的規定則是 4 倍，也就是 60 公尺。

台北市的修正部分，主要是增加了**「第三方公會會勘、複核、鑑定費用由實施者（建方）先支付」**這三個原則，在此更進一步說明台北市損鄰規則的六大新制：

（一）損鄰協調新增：都發局指派第三方專業公會代表，會同現場勘驗。

（二）公安認定納入第三方專業公會覆核機制，安全認定從 14 天縮短成 3 天。

（三）施工損鄰責任認定增加：第三方專業公會覆核。

（四）受損戶如果不服認定結果，可以要求第三方專業機構鑑定，相關費用由實施者（建方）先行墊付。

（五）上網公告因公安問題遭勒令停工的不良廠商。

（六）地下室開挖階段，每月全面檢查；全市工地每季總體檢。

下頁的流程圖，能幫助讀者們更清楚地了解台北市的損鄰處理流程；而在台北市的受理機構，是都市發展局。

新北市的損鄰處理方式與台北市有所不同，新北市的受理機構，則是工務局。

（1）發現房屋受損，向新北市工務局提出陳請。
（2）工務局通知起造人、承造人、監造人做初步損鄰鑑定，並在10日內出具初步安全鑑定書。
（3）工務局根據初步安全鑑定書判斷是否需要停工。
（4）如果確定為損鄰事件，起造人、承造人應該主動與受損戶協調修復賠償事宜，如果雙方在新北市工務局發函日後30日內仍然無法達成賠償事宜的協議，雙方當事人得協商，另外委託具有公信力的鑑定單位來鑑定損鄰情形及安全性，並由起造人、承造人申請鑑定並通知工務局，委託費用則由受損戶先行支付。

再次提醒讀者們，如果你家附近有工地準備施工，而且你家位於「損鄰規則處理範圍」內，無論政府是否有強制規定，最好能要求施工單位做施工前鑑定報告；萬一以後房屋有所損傷，才會有所依據，也能減少鑑定時間，保障自己的權益。

台北市的損鄰處理流程圖

修法方向：增加「第三方公會會勘、複核、鑑定費用由建方先支付」

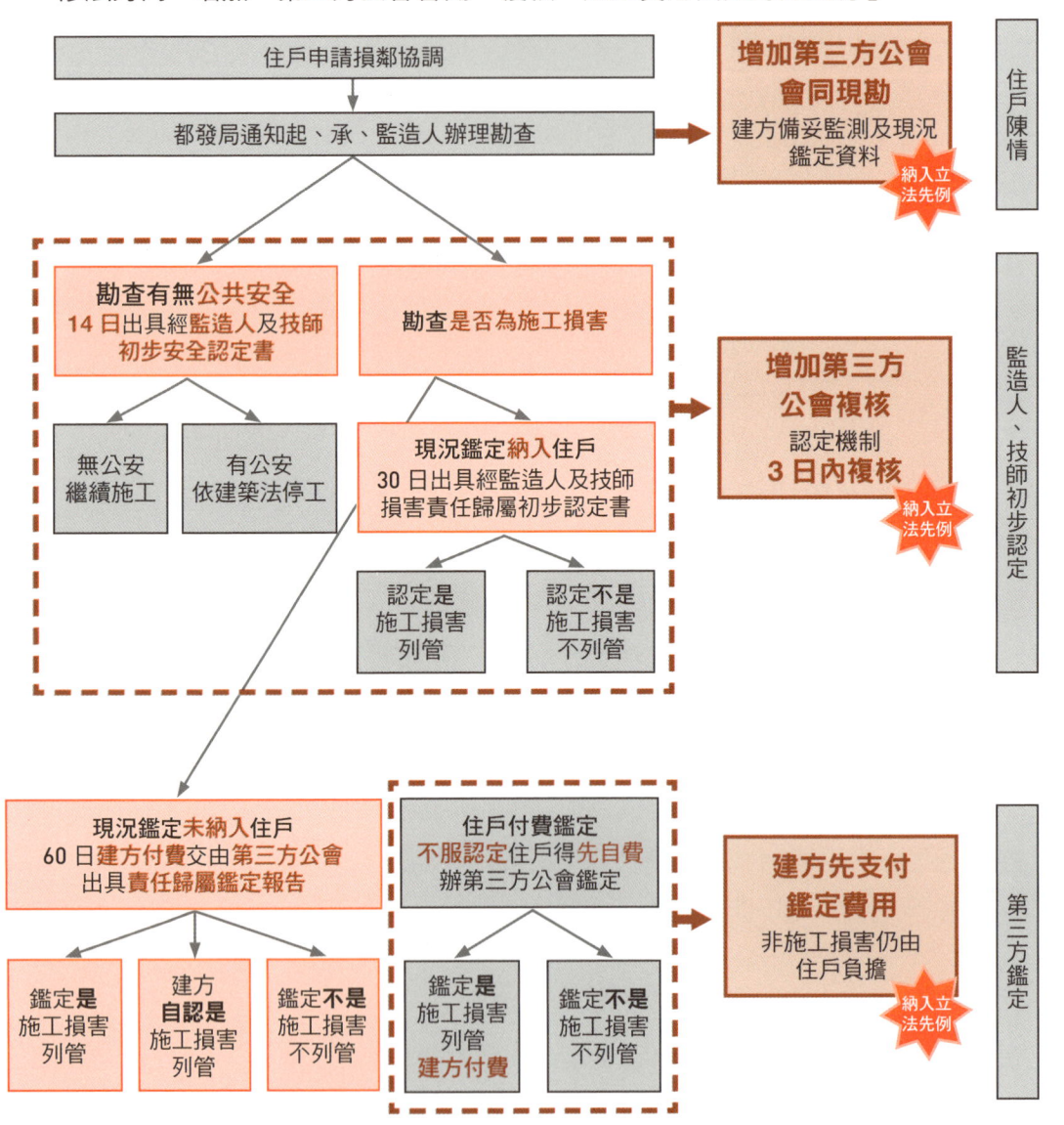

住戶陳情

- 住戶申請損鄰協調
- 都發局通知起、承、監造人辦理勘查
- 增加第三方公會會同現勘：建方備妥監測及現況鑑定資料 ★納入立法先例

監造人、技師初步認定

- 勘查有無公共安全
  14日出具經監造人及技師初步安全認定書
  - 無公安 繼續施工
  - 有公安 依建築法停工
- 勘查是否為施工損害
  - 現況鑑定納入住戶
    30日出具經監造人及技師損害責任歸屬初步認定書
    - 認定是施工損害 列管
    - 認定不是施工損害 不列管
- 增加第三方公會複核：認定機制 3日內複核 ★納入立法先例

第三方鑑定

- 現況鑑定未納入住戶
  60日建方付費交由第三方公會出具責任歸屬鑑定報告
  - 鑑定是施工損害 列管
  - 建方自認是施工損害 列管
  - 鑑定不是施工損害 不列管
- 住戶付費鑑定
  不服認定住戶得先自費辦第三方公會鑑定
  - 鑑定是施工損害 列管 建方付費
  - 鑑定不是施工損害 不列管
- 建方先支付鑑定費用：非施工損害仍由住戶負擔 ★納入立法先例

第 3 章

興建過程中，
權利人的注意事項

RC、SRC、SC/SS結構安全及建材設備選擇

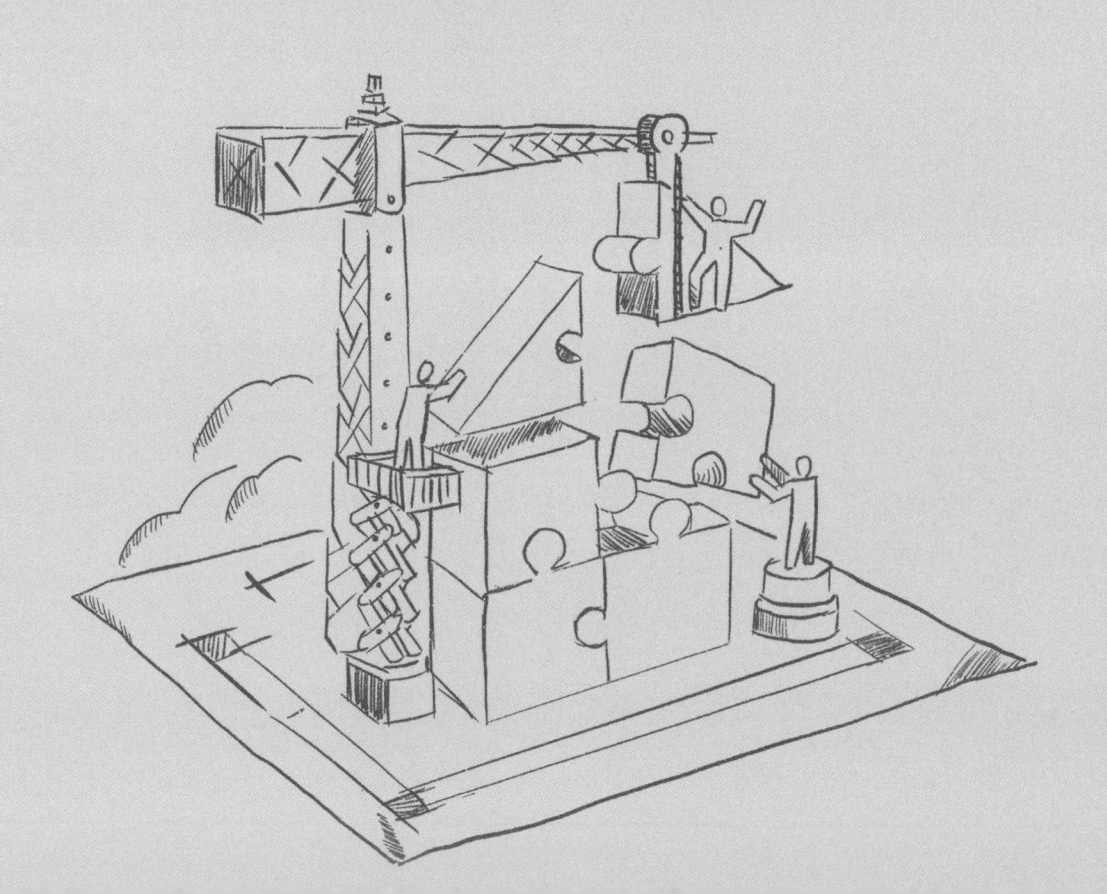

> 終於走完都更程序，王先生的新屋終於要準備開始興建了。在興建過程中，王先生應該要注意些什麼呢？

對實施者（建方）及參與都更的所有權利人，房屋的興建就是一個重大的里程碑，營造商扮演的角色就非常重要。為此，本章特別邀請了華熊營造／華熊建設總經理周宜城，以及日商日本國土開發公司副總經理張容瑞與讀者們分享。

營造商扮演的角色

「隨著《都市更新條例》及《危老條例》的推行，老屋改建的資訊逐漸透明化，地主們也更加關心營造的品質，同時在政府的規定中，也強化了建築物的結構安全及防災性能等要求；在這樣的趨勢下，營造商扮演的角色就越顯重要」，周宜城這麼說。

周宜城指出，由於都更案對營建施工過程的監管相對嚴謹，任何的變更及調整，都需要經過政府單位的審核，所以專業的營造業者都會特別小心，尤其注重設計及施工過程中的細節，才能確保都更案的實行。

無論危老或都更，改建房屋的目的都在於：提高建築物的安全及將來的居住品質，營造要從結構、安全、環境等多方面進行

評估及設計,讓改建後的建物符合地主、居住者的生活需求及安全標準。

張容瑞更詳細地說明,這幾年雙北區域的土地,很多都是經由都更的方式而釋出,國土開發也承接了不少都更案,在都更案的建物來說,無論在設計上或整體法規的要求上,嚴謹度是非常高的;甚至會因為權利人或實施者(建方)的需求,去做一些可以申請相關獎勵的設計,例如:綠建築,智慧建築等,所以在工法上、建材上都非常講究。

張容瑞指出,都更案跟一般建案比較不同的一點,就是都更案沒有什麼變更的餘裕,任何的修改或調整,都會面臨到法規及程序問題,所以建方對營造品質要求就會更高,萬一發生一點工程上的誤差,可能就會造成以後產權登記的困擾;對有信譽的營造商而言,最基本的要求就是按圖施工。並且在結構完成後,依據客變要求去施做,並且符合消防等安全規範。

由於大眾對都更過程越來越熟悉,關於改建的資訊也越來越透明,也更關切營造品質,所以營造商勢必得更早投入開發案中,並針對建案設計、營造方式等,透過說明會的方式向權利人說明,也要通過政府的審議過程來監督;營造商的角色就變得更加重要。

結構的選擇

在都更案中,權利人最注重的就是**結構安全**問題,營造商除了要考慮建築物的耐震力、土壤液化等因素之外,也要針對建案類型,選擇不同的結構方式。周宜城用下頁圖表說明常見的 RC、SRC、SC/SS 等結構型式之特點,提供讀者們參考。

一般來說,最常見的 RC(鋼筋混凝土)因為是剛性結構,所以地震時搖晃程度小,居住上舒適性佳,適合住宅使用,只要實施者(建方)依照建築法規所規定的耐震係數按圖施工,耐震效果並不遜於鋼骨結構,且造價也相對最為經濟實惠。

張容瑞進一步說明,RC 結構的成本低、技術成熟,施工的可容許誤差也比較大,而且先天剛性也比較強,在地震的時候,住戶感受到的搖晃會比較低。也因為技術成熟,一般 30 樓以下的建築物,皆可以考慮選擇 RC 結構。

SC/SS(鋼構)則具有韌性,一般會用在 30 樓以上的商辦大樓或高樓層建築,比較不常見於一般住宅;由於少了繁複的捆綁鋼筋程序,建造速度會比 RC 快,施工工藝的要求比 RC 高,汙染及破壞也比較少,但是造價高,遇到地震、強風時晃動會較大。

SRC(鋼骨鋼筋混凝土)則結合了 RC 及 SC/SS 兩種工法,先組裝鋼骨,鋼骨外圍增加鋼筋,最後上版模並灌進混凝土。雖

RC、SRC、SC／SS 結構差異比較表

項目說明	RC （鋼筋混凝土）	SRC （鋼骨鋼筋混凝土）	SC／SS （鋼構）
適合建築物用途	住宅	住宅	住宅、辦公、廠辦
結構材料	鋼筋＋混凝土	鋼骨＋鋼筋＋混凝土	鋼骨
造價	低	中	高
人力需求	多 施工：溼式偏多	多 施工：溼式＋乾式偏多	少 施工：乾式偏多
工期	中	高	短
柱梁斷面	大	中	小
防火性	佳	佳	次
防水性	佳	佳	次
地震及風力影響	小	中	高
舒適性	佳	佳	次

然 SRC 同時擁有了 RC 及 SC／SS 的優點，具有良好的抗震性及耐久性，搖晃程度介於 RC 及 SC／SS 之間，但缺點是施工難度更高，營造品質管控風險難度也高，因此造價也高於 RC。

關於結構型式的選擇，主要取決於地質狀況，例如雙北市，當地震波來臨，整個廣義的台北盆地，都是承受同樣的地震力，但因為不同區域的地質不同，建築物所面臨的震波放大係數會不同，所以就會選擇不同的結構，張容瑞這麼說。

周宜城也提醒讀者們，很多人一談到防震，第一個觀念就是 SC/SS 最理想；但其實不同的結構在不同的用途、樓高等情形下，各有其優缺點，因此必須經過專業的評估，才能給予權利人及實施者（建方）最佳的建議。

不能不知的抗震知識

在本書中一直強調地震對台灣的威脅，坊間也有許多建案標榜抗震耐震，但相信許多讀者們還是不了解什麼是抗震耐震的標準，關於這點，張盈智告訴大家，就是**「小震不壞、中震可修、大震不倒」**。

更深入地說：小震是指 30 年發生一次的小型地震；中震是 475 年發生一次的中型地震；大震是 2,500 年發生一次的大型地震。小震的規模大約在 5 級以下，中震的規模大約是 5～6 級，大震則是 6 級以上。

要達到這樣的標準，就要符合政府所規定的「耐震係數」，所謂耐震係數是指地震發生後的地表水平加速度，所以地震震度

也可用這個加速度係數來分級，例如：0.08 G 以下屬於 4 級以下地震；0.08 G～0.25 G 屬於 5 級強震；0.25 G～0.4 G 屬於 6 級烈震；0.4 G 以上則是 7 級劇震。

而因為地區地質條件的不同，每個區域的要求的耐震係數也不同，例如北北基桃、桃園、澎湖等區域的耐震係數一般是要求 0.24 G，也就是能承受 5 級地震的威力；但是宜蘭、花東地區、新竹到台南，則要求達到 0.33 G。

對於高樓層的建築，日本就比較流行隔震層的設計，也就是在混凝土基礎跟主結構柱之間，設計一個隔震空間來阻斷、吸收地震帶來的扭轉力，張榮瑞解說，就是讓建築物像溜冰鞋一樣劃動，去抵消地震力，而不是由主結構承受；但是這樣的工法設計難度及成本非常高，台灣只有少數的建案採用。

施工品質也關係到抗震需求，張容瑞及張盈智對此有同樣看法；RC 結構材料單純，工法也單純，所以出錯的風險低。SC／SS 結構因為鋼骨的規範是統一的，所以誤差低，螺栓孔位誤差多在 2mm 以內，所以能做到很精確。這兩種結構的施工品質容易確保，也比較能達到抗震要求。

而 SRC 的結構就比較複雜，鋼骨、鋼筋是靠「續接器」連結，那麼在任何一個環節都要考慮續接器的品質；鋼筋要捆綁，但是有鋼骨結構存在，不熟練的施作者可能就綁不牢固；如果整個建築物的外型比較複雜，還要考慮到灌漿是否確實；任何一個

環節沒做好，建築物可能就達不到當初設計的耐震係數。

張盈智提供了一個新的結構模式，也就是「New RC」的概念，簡單來說，就是在同樣的抗震要求下，使用強度更高的鋼筋，選擇磅數更高的混凝土，就能減少鋼筋的使用量，施工性就能提高，也就降低了施工不良帶來的風險，也能使用 RC 的結構模式去蓋更高的大樓；這或許是未來的一個趨勢

希望讀者們對抗震這個議題有了新的理解，打破「SC / SS 就是最耐震的結構」之迷思，選擇最適合的設計，選擇有技術、有信譽的營造商，才是正確的道路。

合約擬訂、品質管控、監工等注意事項

關於房屋興建過程中的注意事項，周宜城提供讀者們以下建議：

（1）要仔細審視實施者（建方）提供的合約內容，確認與工程相關細節的權益受到保障，包含工期、建材、逾期違約等，若有不清楚的地方，可要求律師協助。
（2）確認合約中是否有保證都更案可以完成的條文，例如：續建機制。
（3）留意施工過程中的品質管控，確保建築品質符合相關規定及要求。

（4）在建物竣工後，地主要確認所有文件、資料都有完整移交，並確認公共設施及設備的操作、維護、使用年限。

在興建過程中，有些權利人會想要自己監工或親自看工地；周宜城及張容瑞都認為，這樣的想法無可厚非，權利人或購屋者當然有權利關心建造過程，但是不建議前往工地。首先是出於安全考量；其次，地主是否有足夠的建築相關知識去審視施工過程？第三，都更的建案都有監造機制，加上營造的三級品管要求，有信譽的營造商必然會確保建築品質。

通常，營造商會依工程階段辦理住戶說明會，以開工、結構、裝修、交屋各階段召集辦理，讓權利人了解整個工程的施工計畫及執行進度。

因此，現行常見以雲端資訊分享的方式掌握施工進度，並搭配各階段說明會，周宜城認為是相對可行的方式。張容瑞則認為，如果權利人或購屋者真的不放心，或許可以委託公正的第三方，例如SGS這樣的機構或是工程顧問公司，來協助監管營造品質，SGS就有提供建築履歷的服務，從材料到施工到最後的勘驗，都可以做驗證。

周宜城同時提到，如果營造商能在都更開始時就加入團隊、接觸所有地主，便能更加了解住戶的需求與期待，在進入建築設計階段時，亦將能提供地主相關的技術分析及見解，例如：工

法、施工性、安全性、穩定性、永久性、進度、價值工程（VE）等建議方案，這做法符合Q（品質）、C（成本）、D（工期）、S（安全）、E（環境）的最高指導方針，也能避免在施工期間造成不必要的問題。

此外，當前整個台灣必須面對的建築議題，就是成本上漲；根據張容瑞的觀察，從疫情前的2019年中期到2023年底，營造成本至少增加了40%，然後交屋期不斷延長；這不止是建築材料的供給速度變慢，還有營造工程人員的老化，退休的人遠比加入的新血多；伴隨這個現象而產生的問題，就是品質下降，營造商又要花費更多時間、精力在維持建築品質這方面。

再者，另一個重要的議題就是「節能減碳」。台灣預計在2025年針對排碳大戶徵收碳費，張容瑞指出，目前知道一定會漲價的，至少有鋼筋、磁磚、混凝土，以及建築中勢必用到的銅鋁類材料，這類材料成本的增加，預估在15%以上，如果換算到房價，以台北市為例，房價大概就會提高10%，或許可以經過設計的手法來精減材料，來減低因為材料成本上漲對房價的衝擊，但張瑞容認為，未來的房價勢必會再提高。

相信在每個都更案中，無論是權利人、實施者（建方）、營造商，都希望以最低的價格、最短的交期，做出最好的品質，然而這需要三方充分的溝通協調，以及彼此的體諒，才能達到大家共好共贏的目標。

都更戶的建材設備，會比實施者（建方）的銷售戶差嗎？

就實施者（建方）的銷售戶而言，所有的預售文件都有定型化契約，包括建材、交屋程序、代收代付款等事項，這些在契約中都有規定。

但是都更戶（地主戶）的建材設備會不會比實施者（建方）的銷售戶差？建議讀者要**檢視與實施者（建方）簽署的「合建契約書」**。就都更的相關規定，政府會要求實施者（建方）在都更報告書中載明建材等級，但是建材等級的內容中，並沒有明文規範必須與銷售屋相同。如果實施者（建方）與所有權人之間另外簽訂「合建契約」，就可在契約中約定建材的等級。

合建契約可以單獨列出建材設備表，也可以直接約定：地主戶的建材等同銷售戶，會減少很多爭議。但權利人常有一個迷思，就是要求實施者（建方）將品牌型號很清楚地載明在契約中。但需提醒的是，都更案的進程要花費很長的時間，或許當初選擇的建材已停產，或是建材設備日新月異，當初所預定的建材設備已不敷使用，或已被市場淘汰，因此建材設備有可能與當初約定的不一樣。

讀者可以**在契約中加註「同等級」等文字**。萬一實施者（建方）無法取得當初約定的建材設備時，雙方（實施者、權利人）才有變更建材設備的彈性，而且加註「同等級」也可保障變更後的建材設備不會是更差的品質。

但是依據個案區域不同,例如:台北市與新北市的建材設備選擇就會不同,每個都更案都是客製化的。以耕建築的做法,除了最初送案的建築規劃,也就是報告書要求的公版格式外,也會參考此都更案附近其它建案使用的建材設備,來跟權利人溝通與簽訂合建契約書,也就是以後的建物,大概就會用到設定規格的建材設備。

第 4 章

客變怎麼做？
若有變更室內設計的需求，
屋主與實施者(建方)該如何應對？

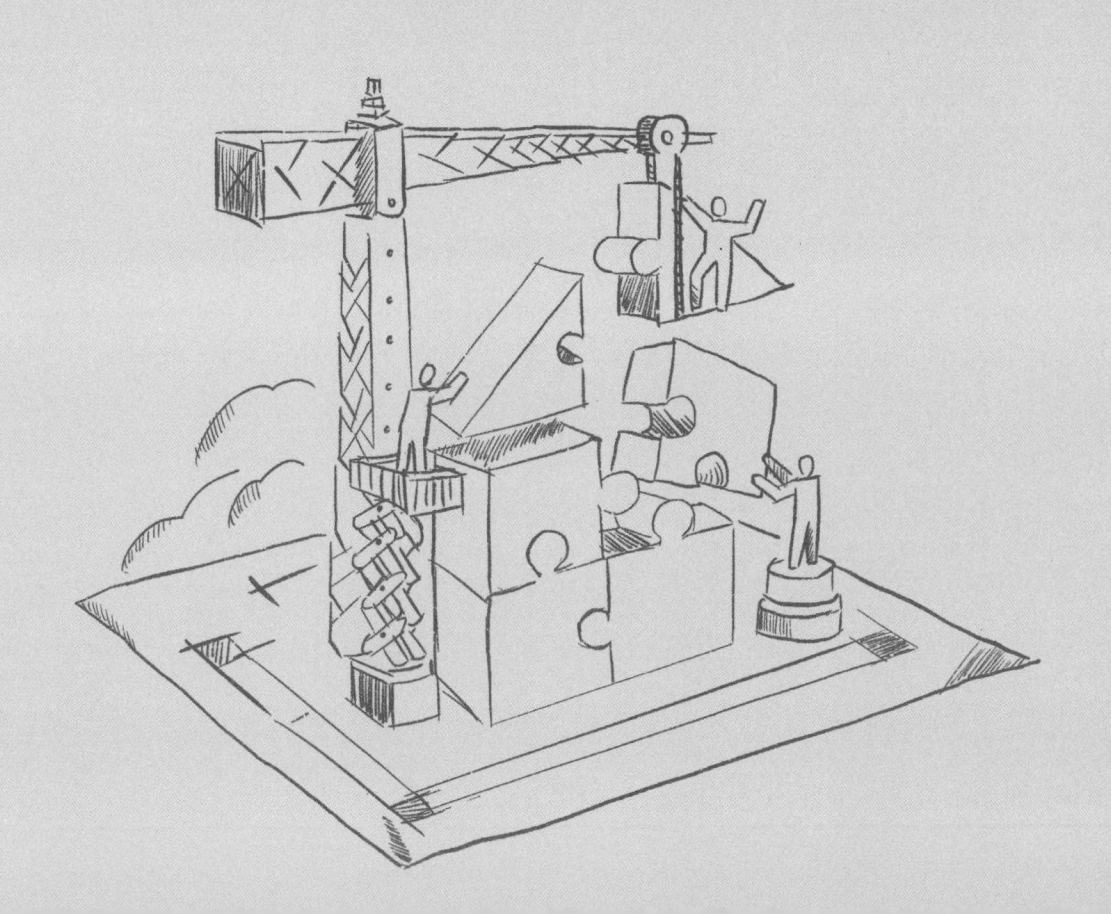

> 王先生參與的都更案開工以後，收到了實施者（建方）寄來的「工程變更通知書」。他有點納悶，工程變更，也就是所謂的「客變」，是在變更什麼？房屋室內設計中，可以客變的範圍包括哪些？

沒買過房屋的讀者們，對「客變」的定義或許不太清楚，以下詳細說明。

所謂「客變」是指：「在預售屋的施工階段中，實施者（建方）會以標準配備的條件來施作，但是在不影響建築結構的前題下，是可以依據購屋者的使用需求，進行室內格局的部分變更，包含水電配管、隔間、室內建材、廚具衛浴設備調整」；客變機制的最大優點，就是能省下日後購屋者要進行裝修時的拆除與額外費用，以及避免二次施工衍生的問題。

政府雖然沒有設定法規要求實施者（建方）一定要讓購屋者辦理客變，但一般而言，有預售屋的個案通常都可以客變；而都更案中實施者（建方）分得的房地，多數會預售，所以參與都更的權利人等同銷售戶，可以在工程期間要求客變。

以耕建築的做法：在開挖地下室的階段，就會依工程進度，按樓層陸續通知權利人、購屋者來辦理客變，也就是從低樓層到高樓層依序通知。因為客變需要花費 2～3 個月的歷程，所以一

定要盡早通知購屋者；如果已經蓋到該樓才通知購屋者來做設計或建材的變更，便可能導致施工成本增加、工期延誤。

面對權利人跟購屋者，耕建築都秉持一律公平的態度來對待，不會有差別待遇。我們比較常遇到的客變大多是：室內隔間的改變；室內建材或設備的退換；開關插座的增減、移位等。

需要提醒讀者的是，客變的範圍是有一定規範與限制的，一般來說，實施者（建方）的客變原則如下：

（一）申請變更的範圍**以「室內輕質隔間」為限**，不得影響房屋之建築結構如：梁、柱、板、RC牆等，以及大樓外觀含門、窗、陽台、露台、公共設施、各戶出入口玄關門、管道間、消防設施及違反政府法令之規定等。

（二）不可變更設計的範圍：變更後會影響建物外觀或建物結構、梁柱、樓梯位置、管道者；變更後室內與室外面積有變動者；變更後與建築法規、消防法規或其他法令相違者；變更後影響其他住戶權益者；變更後影響公共設施者；浴廁、廚房管道間，以及影響其他樓層住戶使用範圍者、超高樓層各戶廚房防火隔間、出入口防火門或各戶室內降版區域等。

舉例說明：「**水區**」的位置是不能變動的，水區指的是——**室內中有用到水的區域**，例如：浴廁、廚房的給排水，這跟管線

配置及防水性能有關連。購屋者可要求在水區範圍內進行一些局部的變動,例如:變更馬桶或面盆的位置、廚房如洗碗槽的位置,或者增加開關插座或水龍頭移位等,但一定要與工程人員討論,必須在不影響防水、管線、樓下住戶使用,以及法令規定的情況下,才能辦理。

因此不能以風水或其它理由,要求把廁所或廚房搬到房屋的其它地方;因為這樣的移位,管道(給排水管、糞管等)會裸露在樓下住戶的房間或客廳上方,實施者(建方)是不會同意這樣做。

然而,有「水區」就有「**火區**」。火區包括:瓦斯、抽油煙機的規劃等,這些設備的位置與消防安全有關,也屬於不能任意更動的範圍。另外,與建築外觀相關,例如:陽台、窗戶等,也屬於不能客變的設計。房屋隔間可以更動,但是不能動到承重牆、隔戶牆、梁、柱等,否則會影響到建物的結構安全。

針對客變,有信譽的都更實施者(建方),都會把允許的工程變更條款,詳細載明在契約中,以保障雙方權益;讀者們如果有客變的需求,一定要先看清楚相關變更條款。

客變非完全免費

> 既然實施者（建方）同意客變，那麼王先生還需要額外支付任何費用嗎？

其實這也是常遇到的問題之一。一般來說，只要住戶確認客變的內容、費用，實施者（建方）就會計算工程費用來加帳（或減帳），依據客戶同意的客變內容按圖施工，並且計收管理費。

但也有一些案例，就是權利人或購屋者在客變結算後、付了錢又改變心意，在客變期限截止後再次更改設計，要求第二次客變；這時，實施者（建方）除了要審視工程進度能否配合外，依據合約約定，這樣的要求除了材料、工資的加減帳外，通常需要再次加收管理費。

在實施者（建方）訂定的客變期限內完成客變後，實施者（建方）會繪製「客變圖面」並計算加減帳，有增加設備或工項則是「加帳」，退選設備或建材者則是「減帳」。如果是「加帳」時，實施者（建方）會通知權利人在期限內繳清工程追加款；若是「減帳」時，在實施者（建方）交屋的時候，會併入交屋款以退款結算。

以耕建築的標準程序，寄發客變通知的同時，我們也會提

供全套的水電、消防、室內設計的電腦圖檔,並載明預定辦理客變的日期;住戶如果需要變更設計,就可以提早找設計公司做規劃,而後在辦理客變時提出。

客變常見之爭議

其實客變的要求千奇百怪,最常見的爭議,多半是客戶提供的設計圖面缺漏,或施工時發生誤差;如果在驗屋當下發現疏失,實施者(建方)一定會盡力補正。但比較頭痛的是,客戶的要求一變再變。因為工程施作有工序的問題,不同工項也都各有專業的工班來負責,並不是客戶想要改建材或設備,我們都能隨時配合。

也有客戶自行採購建材、設備,要求營建單位代工施作。這亦是經常發生爭議的狀況,一來是客戶自行採購的建材、設備,品質無法掌控,或者規格並非常規;再者為施工及安裝方式,皆有可能具獨特性或與原建材設備有適性相容疑慮,甚至有設計師自認為可行的想法,都可能會造成日後驗收時雙方的認知落差。

每一次的設計更動,都要動用到實施者(建方)的客服部門、設計部門、工程部門,還有配合的營造商,包含機電、管線配置、裝潢等工程,都要派遣人員施工,這也是加收管理費的原因;有時還需為此加班趕工,甚至額外調派人力,重大的變更甚至可能影響到整體工程進度。

購屋者以預售屋買賣契約來保障權益,而權利人則要注意「合建契約」中是否有訂定相關的條款,以保障自己的權益。購屋者可在自備款部分保留房地總價 5% 作為交屋保留款;之後進行驗屋時,除了測試各項設備的使用功能無誤外,並且要核對客變圖面,確認實施者(建方)有按圖施工。

如果發現客變內容未全數完成,或者驗屋發現問題,除了要主張給付遲延之外,購屋者可保留交屋款,在實施者(建方)修正缺失並經雙方複驗合格後,才支付款項。但參與都市更新的權利人,因為沒有自備款能保留,更需釐清驗屋、交屋的流程及契約內容,以免造成爭議。

第 5 章

從開工到交屋，要注意哪些事項？
驗屋、保固等相關眉角

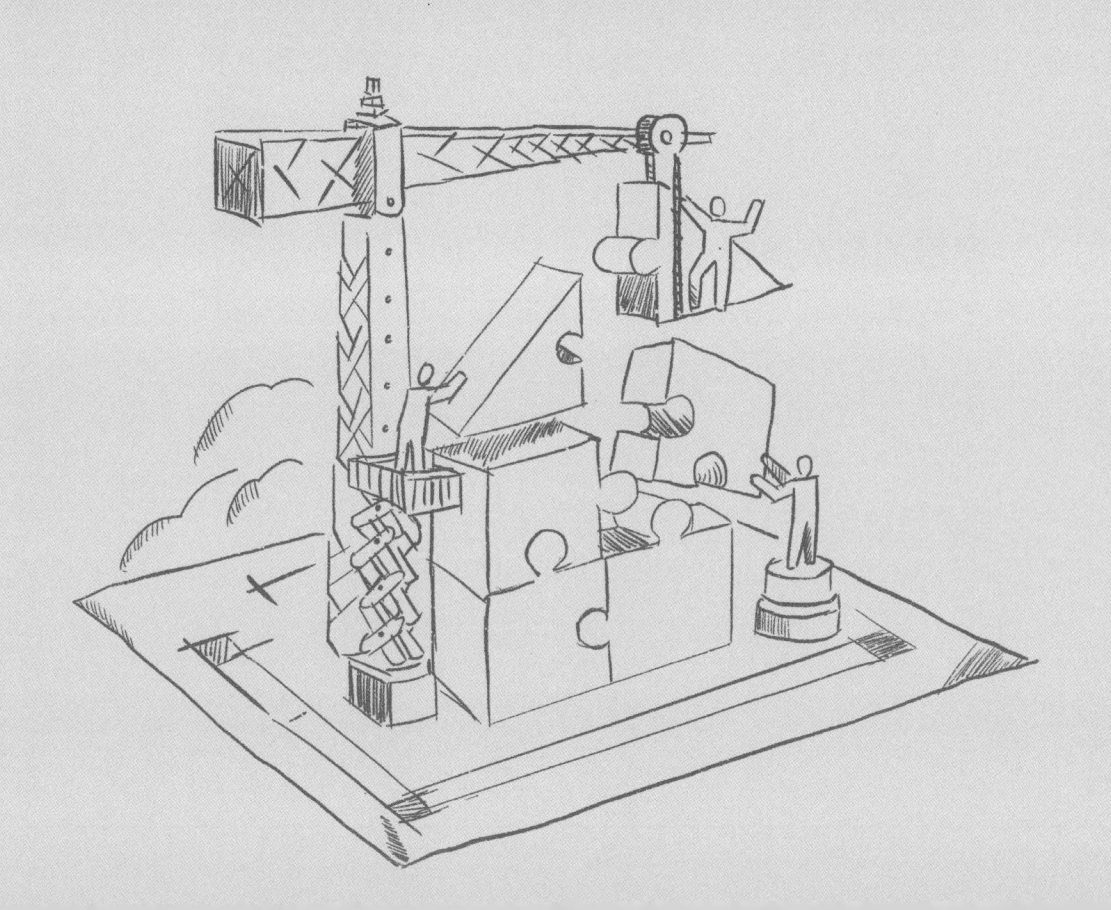

> 從開工到交屋，王先生要注意哪些事項？又要如何保障自己的權益？

相信許多讀者跟王先生一樣，希望知道從建案開工、完工（取得使用執照）、驗屋，一直到交屋，包括以後的保固，有哪些重點要注意，如何保障自己的權益？讀者們應該如何與實施者（建方）簽訂合建契約，以約定開工期限、交屋及相關規定。

讀者們要注意的是，當房屋的主體工程完成後，營造商、監造人就要向建管單位提出測量，確認主結構、隔間等，都與原先設計圖面符合，才能取得使用執照；取得使用執照後，實施者（建方）接通水、電、天然瓦斯後，就可以通知權利人進行驗屋程序。

驗屋的標準流程

驗屋有一定的標準流程及注意事項，實施者（建方）會提供驗收單、客變簽認圖說、選色選樣表等資料，作為驗收的依據，通常包含土建、水電、設備功能測試。**權利人如果有需要，也可以自費請 SGS 這類的第三方公司代驗。**

土建部分，是以目視或尺規等工具進行檢視或丈量，例如：

油漆牆面是否平整、地面洩水坡度、磁磚平整度及是否有空心的現象等。

水電部分，包含給／排水、消防設備、電氣設備（開關、插座、照明）及弱電設備（電視、電話、網路、監控設備）的功能測試。實施者（建方）會在驗屋現場準備水管、電視、燈泡等設備，依檢查表逐項進行功能檢測。

再來就是設備部分，包含門窗門鎖（玄關門、鋁門窗、木門等）、廚具設備、衛浴設備、通風設備等運轉測試，檢視功能是否正常。

以上這些項目如有缺失，實施者（建方）在限期內改善後，再請買方複驗。如同前文提到，權利人在驗收無誤後，再進行交屋手續。

保固服務紀錄卡的相關內容

如果權利人是與有商譽、經驗及口碑良好的實施者（建方）合作，並簽訂合建契約，權利人不太需要擔心房屋後續出了問題，又找不到實施者（建方）出面負責的情況；在合建契約內約定的保固期限及範圍內，實施者（建方）要出具保固服務紀錄卡給予權利人作為憑證，提供**主要結構部分保固15年、防水保固3～7年、固定建材及設備等保固1～2年**；如果發生問題，權

利人可依照紀錄卡向實施者（建方）申請報修。

第 6 章

管委會的功能，以及公設點交流程

公設的檢測、驗收及特殊狀況

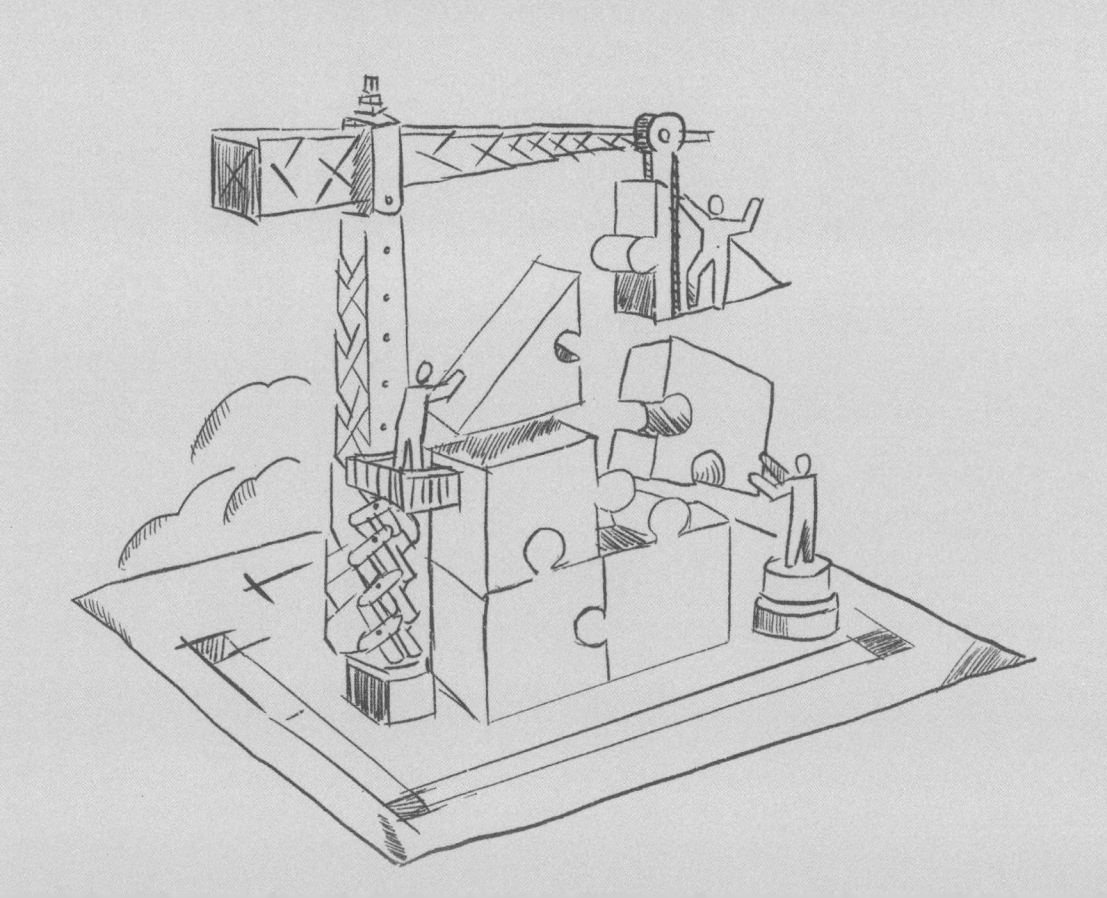

> 終於，王先生順利完成交屋。這時候他收到實施者（建方）通知，要召開第一次「區分所有權人會議」，這個會議的重點是什麼？他又該注意些什麼？

管委會的設立及程序

當王先生收到會議通知時，表示他參與的都更中，有一半以上的住戶已完成過戶。而他要注意的是，依據《公寓大廈管理條例》第 31 條規定，第一次的「**區分所有權人會議**」，應有區分所有權人 2/3 以上及其區分所有權比例合計 2/3 以上出席，會議才具有法律效力；若要達成決議的話，必須得以出席人數 3/4 以上及其區分所有權比例占出席人數區分所有權 3/4 以上同意，才算表決通過。

簡單來說，所謂的「區分所有權人」就是——**房屋登記在誰的名下，誰就是區分所有權人。**

而第一次區分所有權人會議的主要目的有兩項：第一是**訂立社區規約**，規約是用來規範社區住戶的權利、義務，包括公共設施的使用、管理費的繳納與運用、管委會的組成與選任等，這些都會訂立在規約中。內政部有公告的範本可以參考，讀者們可以依照每個社區的需求來修訂，並經第一次會議逐條決議。

第二則是**推選管委會成員**，委員之間再互相推選出主委、副主委、財務委員、監察委員、一般委員等職務，委員人數可依據社區規模決定。管委會全名是「管理委員會」，依現有法令規定，新建大樓都應該設置管委會，以加強社區的維護管理，並提升居住品質。

第一次的區分所有權人會議，要製作會議紀錄並由主委簽名，載明開會經過及決議事項，並在會議後 15 日內送達各區分所有權人，並且公告。公告完成後，送交縣市政府主管單位進行報備，管理委員會就算正式成立了。

管委會的權責

> 王先生想問，管委會的權利有多大？要做哪些事情呢？

其實管委會的職責在《公寓大廈管理條例》中都有規定；簡單地說，與社區管理相關的事務，都在管委會的權責範圍內。以下就是一般社區管委會的工作：

（1）執行管委會例會中列入議題的工作。
（2）社區共用部分之清潔、維護、修繕及一般改良，如各項設施設備，像是：電梯、機電設備、植栽、垃圾清

運等各項作業。

（3）公寓大廈及其周圍之安全及環境維護。

（4）住戶共同事務以及建議。

（5）住戶違規情事之制止及相關資料之提供。

（6）住戶違反第6條第1項規定之協調，簡單來說，就是當住戶維護及修繕自己房屋部分、約定專用部分或行使其權利時，妨害了其他住戶之安寧、安全及衛生，管委會要負起協調的責任。

（7）收益、公共基金及其他經費，相關之收支、保管、運用，包括管理費之收繳、公共基金之運用管理。

（8）規約、會議紀錄、使用執照謄本、竣工圖說、水電、消防、機械設施、管線圖說、會計憑證、會計帳簿、財報、公共安全檢查／消防安檢之申報文件、印鑑及有關文件之保管。

（9）管理服務人之委任、僱傭及監督。也就是說，管委會要遴選物業管理機構，包含：總幹事、保全、清潔人員等。

（10）會計報告、結算報告及其他管理事項之提出及公告。

（11）共用部分、約定共用部分及其附屬設施設備之點數及保管。管委會要針對公共設施管理訂定各項管理辦法，例如：裝潢施工管理辦法、會議室或交誼廳使用管理辦法、健身房管理辦法、寵物管理辦法、社區禁煙管理辦法及罰則等。

（12）管理委員會應申報公共安全檢查與消防安全設備檢

修、改善、執行。

而對於第一屆的管委會來說，**最重要的一份工作就是——與實施者（建方）完成公共設施的點交。**

公設點交流程

「公共設施」對住戶權益至關重要，點交的時候，管委會要注意哪些事項？

公共設施的點交是一項大工程，也關係到全體住戶的居住品質與安全。一般小型社區的點交，可能幾個月就能完成；而大型社區的點交，耗費1、2年都很常見，甚至有好幾年都無法點交完成的案例，這對社區住戶來說絕對不是好事。

依據《公寓大廈管理條例》第57條規定：當社區管委會成立後的7天內，起造人（都市更新案若採權利變換方式實施，則起造人當然為「實施者」）就應該準備好公寓大廈共有部分、約定共用部分，與其附屬設施設備及使用維護手冊、使用執照謄本、竣工圖說、水電、機械設備、消防及管線圖說等文件。

而後，實施者（建方）會同管委會的管理負責人、管委會委員、政府單位，現場勘驗建案內的各項公共設施與設備，主要針對：水電、機械、消防、管線部分；但因為這些設備、設施的驗

收，都需要具相當的專業背景，所以坊間有許多協助驗收的**第三方檢驗公司**。管委會也可以自費委任第三方檢驗公司，這時就會由第三方協同管委會，共同進行**檢測及驗收**。

公設點交過程中，如果發現缺失，應該要列出缺失項目，並以書面通知實施者（建方），實施者（建方）有責任修復及改善。依據《公寓大廈管理條例》第57條規定：實施者（建方）要在1個月內完成修繕，並約定時間進行複驗。如果複驗還是有問題，實施者（建方）仍要持續改善，直到確認所有設備、設施都符合住戶需求，才能完成點交程序。

點交時，建議以《公寓大廈管理條例》第57條所列內容為公設移交之依據，針對水電、機械設備、消防設備、各種管線進行相關檢測，確認功能正常無誤後，才能將大樓點交給管理委員會。其餘未影響使用部分，則視為瑕疵改善項目，請實施者（建方）持續完成修復及改善。

下方列出《公寓大廈管理條例》第57條內容：

（一）起造人應將公寓大廈共用部分、約定共用部分與其附屬設施設備；設施設備使用維護手冊及廠商資料、使用執照謄本、竣工圖說、水電、機械設施、消防及管線圖說，於管理委員會成立或管理負責人推選或指定後7日內，會同政府主管機關、公寓大廈管理委員會或管理負責人，現場針對水電、機械設施、消防設

施、各類管線進行檢測，確認其功能正常無誤後，移交之。

（二）前項公寓大廈之水電、機械設施、消防設施、各類管線不能通過檢測，或其功能有明顯缺陷者，管理委員會或管理負責人得報請主管機關處理，其歸責起造人者，主管機關命起造人負責修復改善，並於 1 個月內，起造人再會同管理委員會或管理負責人辦理移交手續。

公設點交之特殊狀況

在上文提到，在管委會成立的 7 天內，就要開始點交過程；但有時會遇到管委會一直無法成立，或者找不到設備負責人的情形，這時，公設點交的過程就會被拖延。沒有完成公設點交就開放公共設施給住戶使用，則其缺失、瑕疵的保固責任容易產生爭議；因此，在沒有完成公設點交前，住戶就無法使用所有的公共設施。

常常有第一屆的管理委員，因為承擔了公設點交的壓力，在求好心切的情況下會尋求第三方代驗機構的協助；而代驗機構收取了費用，便會鉅細靡遺地羅列各項缺失，這也無可厚非。但有一些缺失，其實只是一些表面的瑕疵，並不影響安全性，管委會卻往往要求全數修繕完成才願意點交，這個過程往往就會花費許

多時間，也延誤了公設點交的時程。

業界中也不乏這類案例，實施者（建方）都希望能盡快完成點交程序，但在點交過程中，管委會與實施者（建方）卻一直無法達成協議，甚至對簿公堂；若因公設遲遲無法開放使用，或因管委會與實施者（建方）爭訟而衍生費用，甚至因此而賠償，或是房價因而受到影響，得不償失。

關於保固期之問題

> 王先生想知道，都更戶的保固跟銷售戶一樣嗎？

請讀者們注意，參與都更的權利人，如果與實施者（建方）簽訂了合建契約，那應該要在契約中載明保固條款，這與「**預售屋買賣定型化契約**」的基本概念類似。

在個人專有的主建物部分，結構體的保固是自交屋日起至少15年；固定建材及設備部分，例如：門窗、地板、實施者（建方）提供之裝潢及標準配備等，保固期至少為1年；住戶最在意的防水保固，目前實施者（建方）也都提升了保固年限，至少都會保固3～7年不等。

關於公共設施的保固，管委會在完成公設點交後，必須向主管機關報備，並向公庫銀行請領公共基金，這筆基金是實施者（建方）在申請使用執照時就依據規定提列，並存在公庫銀行，點交完成後就交給管委會運用；公共設施從此時開始起算保固期。

　　但有部分的設施，在完成點交前不得不先開放使用，包括：電梯、垃圾清運、社區清潔、植栽等；這些尚未經過正式點交、卻已經開放使用的設備，相關的維護養護或耗材責任，則是自開放使用起，就交給管委會負責。

　　對於有信用的實施者（建方）而言，所有的保固，包括保固範圍及保固期限，都會明訂在合建契約中，再次提醒讀者們一定要仔細審閱「合建契約」，才能確實保障自己的權益。

PART 4

公辦、自辦的差異，及使用分區等細節

公辦、自辦的流程；「使用分區」之影響；
海砂屋、輻射屋、工業區如何參與？

第 1 章

公有地如何參與都更？

納入都更範圍時的處理方式

> 吳先生住在新北市，他家附近有一塊閒置多年的公有地，聽說市政府有意與吳先生的社區合併實施都更。吳先生想知道，公有地的都更是如何進行的？

都更中難免會遇到一些特殊狀況，例如：公有地獨立辦理都更，或者公有地合併私有地一起辦理都更，以下將逐一說明。

公有土地的公辦都更

其實雙北市目前還有不少閒置的大規模公有土地，政府為了照顧弱勢及青年族群的居住需求、實現居住正義、健全住宅市場，利用公有土地來推動大型的社會住宅或公有住宅，是既定且必然的政策。

但如果政府想主動進行都更改建，土地管理機關常受限於國有財產法的規定，加上一般管理機關缺乏專業的開發人員及相關預算等原因，所以很難自行整合都更開發案。於是為了加速推動公有住宅及都市更新政策，內政部、台北市、新北市都陸續成立住宅及都市更新中心（以下簡稱「住都中心」）。

「住都中心」會以獨立的角色來協助都市更新事業的整合及投資，並擔任都市更新事業的實施者（建方），也會參與社會

住宅、都市更新不動產的管理及營運。住都中心經內政部指示辦理社會住宅、都市更新等工作，以達成政策中包括公、私有資產再利用，以及都市機能活化、改善居住環境、提升公共利益等目標。因此，如果政府想主導都市更新案（通稱為「公辦都更案」），就會交給中央或當地政府的住都中心來主導。

讀者要知道，在規劃公辦都更之前，政府一定會做過全面性的調查，找出所擁有的公有地中，有哪些是大面積且閒置中的土地，或是大面積的公有地但夾雜一些小面積的私有土地，也就是公有土地仍占絕大多數的土地。找到適合的土地後，政府會把這塊土地交給住都中心分析，看看這些區域適不適合辦理都更；如果適合，住都中心就會把這塊土地轉換成公辦都更區。

自辦都更的公有地部分

前面所提到的狀況，是政府主動、主導的公辦都更；但如果是由民間實施者（建方）主動發起，而公有土地是被動參與，按照現行法規，這些公有土地是以「同意參與都市更新」的原則來進行都更。在這種情形下，公有土地參與都更的模式會與公有土地的面積大小有關，例如公有土地面積超過 500 平方公尺，且占更新單元面積的一半以上，依照規定，主管機關或土地管理機關就應該研究公辦都更的可行性。

如果經過評估，政府單位都沒有主導的必要，公有地也可以

用「參與」的方式加入都更，這時，擁有公有地的單位，或許是中央政府的某機關，也或許是地方政府，就如同一般地主，他們也可以來選房。在都更完成後，依據當初設定的執行計畫，這些政府單位再把房子作為社會住宅、儲備公有住宅，或者拿來標租或標售；所以一般實施者（建方）在開發前，就會先確認公有土地的面積及占比，來評估公辦或公有地參與都更的風險。

如果都更單元內的公有土地面積未達 500 平方公尺，而且不到總面積的 1/4，那這些公有土地會先配合審議程序，等到核定完成後，再用「讓售」的方式來處理。讓售的意思，就是當都更案核定後，實施者（建方）可以申請購買這些公有地，在案子還沒核定之前，是不能買賣這些公有地的，否則擁有土地的政府單位會有賤賣國土的疑慮。

至於土地面積未達 500 平方公尺、但是超過更新單位面積 1/4 的公有土地，就會如前文所提，公有土地管理機關可選擇參與都更，但是公有土地的部分不能與實施者（建方）協議合建，所以一定要選擇用「權利變換」的方式來分配房地。

公有地的「占用戶」該由誰負責？

> 吳先生現在知道都更案中「公有地」的處理方式了，可是，萬一公有地上有占用戶，那麼是由誰來處理？公有地分回的房地，又會做什麼樣的用途？

公有土地上如果有「占用戶」，會不會影響都更的時程？在實務經驗中，公有土地上的占用戶基本上應該由管理這塊公有土地的政府單位去處理排除，這難免會影響到都更案的進程。其它常見的狀況還有地上物的承租戶，當公有土地要進行都更，並且正式送件申請後，因為管理公有地的單位參與了都更案，該單位就有處理地上物的責任，包含停止標租或終止租約等。

公有地分回房地後，會做何用途？

> 吳先生還想問，未來公有地都更後，可能會有哪些規劃？會變成公有住宅嗎？

這裡簡單做個說明。公有地分回的房地，依照現行的規定，公有土地管理機關可選擇分配更新後的房地，如果當初取得公有

土地的原因是抵稅土地，就可以選擇分配權利金。公辦都更案中，如果更新後的可分配樓地板面積達 2,000 平方公尺，而且沒有其他公有機關申請撥用，一般會評估作為中央機關辦公廳舍。

如果是上述條件以外的可分配房地，或者評估不作為中央機關辦公廳舍房地，地方政府會函詢中央主管單位，看看這個區域能不能規劃成社會住宅；但如果這個更新案改建後的全棟房屋都是商業用途，而非住宅用途，就不需要再函詢了。

這裡要提醒讀者注意，前面提到的「分回房地」方式，會配合政府政策推行而有所調整。政府為了實現居住正義並健全住宅市場，目前正積極地推動社會住宅政策；但是「**社會住宅**」這個名稱往往讓社會大眾有所誤解，認為入住的人都是弱勢或低收入戶，一些周邊社區的居民會相當反彈；所以政府正在修正相關法規，改以「**儲備公有住宅**」取代社會住宅，避免造成誤解。

「儲備公有住宅」會有因地制宜的彈性，也就是出租的對象、規劃的房型會配合都更建案的地點而有所調整。例如：在精華地區的公有住宅，因租金水準本就較高，所以出租的對象，可能就是屬於收入略高的一般民眾，而且會交由住都中心包租代管。

現有機關用地參與都更

> 吳先生居住處的土地範圍內有警察局、消防局，在都更以後，兩者還會存在嗎？

擁有公有土地的單位，該單位的政策走向與使用規劃，對都更案的影響甚為重大。一般參與都更的私地主，通常不希望都更範圍內有消防局或警察局這類的機關存在，因為其在半夜常有緊急勤務，怕噪音會影響房價。然而，政府對公有地的都更有明確規範，並不會因為私地主的要求就隨意更改調整。

以剛才提到的消防局、警察局為例，如果兩者是蓋在機關用地上，也就是土地使用分區圖上藍色的區塊，那麼就無法加入都更；如果不是蓋在機關用地，而是在公有住宅的用地上，才有機會可一併參與都市更新。機關用地參與都更的方式，在營建署頒布的「都市更新範圍內國有土地處理原則」中有明確規定，有興趣的讀者不妨上網參考。

第 2 章

「使用分區」對都更之影響

如何看使用分區？

> 住在新北市的李先生要參與都更,他的房屋是屬於巷內 4 層樓的住宅區;但是面臨大馬路的 1 樓鄰居,他的房屋是屬於商業區。針對不同的使用分區,該如何看待?又有哪些該了解的事項?

「使用分區」是都市計畫中的專有名詞。不同的縣市、區域都會有不同的都市計畫,依據區域或城市的發展,針對計畫中的每一塊土地,規劃適當的用途;也就是說,**「使用分區」定義了每一塊土地的用途**。舉例說明,就像大多數讀者們都聽過的住宅區、商業區、工業區、機關用地、市場用地、停車場用地、加油站用地等,這都屬於土地使用分區的名稱,也代表了土地的用途。

不同縣市的使用分區,名稱有時會不一樣。以住宅區為例,台北市有第一種到第四種住宅區之分,而新北市則依不同的都市計畫區而有所不同。還有一些特別的使用分區,例如針對台北市敦化南路兩側,這個區域的土地分區稱為「敦化南路特定專用區」。使用分區除了規範了土地的用途、容積率、建蔽率外,還會訂定使用分區管制相關規定,進一步管制土地使用的項目、建築規劃時應注意的特別事項等。

使用分區的限定

> 李先生有點疑惑,使用分區有哪些規範?可以有什麼用途?又有哪些用途是不能進行的?此外,都更前後的使用分區會有不同嗎?

關於使用分區的規範,譬如在住宅區,建物面臨多寬的馬路?可以作為什麼使用?基本上都有明文規定,以下以「師大夜市」的案例來說明。

師大夜市非常熱鬧,但所帶來的垃圾及噪音,卻大大影響了住戶的生活品質,於是住戶就對夜市的商家提出檢舉,要求商家必須停業離開;因為師大夜市的所在區域大部分在住宅區內,而且面臨 6 公尺以下的計畫道路,因此 1 樓就不能拿來作為服飾類、餐飲類的商業用途;最後,住戶勝訴。讀者首先要了解一件事——自己建物的所在土地是屬於什麼樣的使用分區?例如:在住宅區內,可能某位屋主在開小吃店,但這塊地的使用分區跟臨路條件是不能開餐廳的,就像前面提到的師大夜市一樣。

那麼依據法規,即使都更改建以後,這塊地還是住宅區,面臨的道路條件不改變,可以使用的項目也不會改變;上述狀況,是因為這間小吃店一直沒有被檢舉,所以店才開得下去,並不代表開店是合法的,如果被檢舉,一樣會受到懲處。所以都更改建

後，還是要回到現行的法律規定，住宅區 1 樓建物無法作為商業用途使用，屋主當然也就不能要求實施者（建方）進行店面的規劃，也不能在改建前要求更高的價值。

難免有些權利人會希望在都更後的新建物內設置公司行號，類似這些要求，在開始跟實施者（建方）談都更時，一定要先提出來，實施者（建方）會進行評估，然後在建築規劃合乎法定使用規範下進行設計。所以有意願參與都更的讀者們，在想像未來建物的使用方式與額外用途時，一定要事先與實施者（建方）確認。

還有一些特殊的狀況，例如權利人要求建築物作為寺廟宗祠或教堂使用，同樣需要查詢相關規定，包括：使用分區是否允許作為宗教使用、建築物的臨路條件及與學校的距離土地等。

簡單來說，除非有特殊條件，否則使用分區在「更新前」與「更新後」是不會改變的，希望讀者們都能了解，才不會與實施者（建方）產生不必要的誤解。

住宅區與商業區之區別

> 李先生發現，自己的房屋屬於「住三」用地，但什麼是「住三」？跟其他的用地相比，有什麼區別？

相信讀者們也會有這一類的疑問——住宅區與商業區的區別為何？以台北市為例，台北市住宅區的分類有四種，從「住一」到「住四」，第三種住宅區內還有「住三之一」及「住三之二」的區分，第四種住宅物區還包含「住四之一」；**各種不同的區分，則有不同的「容積率」**。

這裡以最常見的「住三」用地來說明，它的容積率是225%，也就是1坪的土地上可以有2.25坪的容積；但是在台北市的商業區，例如第三種商業區（商三）用地，它的容積率就有560%，亦即1坪土地上可以蓋5.6坪的容積，等於是住三的2倍多。讀者們現在可以理解，住宅區與商業區在都更分配的條件上當然會有差異；例如一個都更案，臨馬路這邊是商業區，後面是住宅區，在分配時就會有相當的落差。

依據法令規定，面臨主要計畫道路兩側的街廓，才能有商業使用的規劃，劃設的原則是從主要計畫道路兩側的建築線往街廓內退30公尺範圍為界，臨大馬路的30公尺範圍多作為商業區或容積較高的住宅區使用，而30公尺範圍以外，以及巷弄內的街

廊，則多劃設為住宅區，建築容積就會比較低。

請讀者們一定要有這個認知，土地的容積率等於是一個先天條件，**土地的價值跟可分配的坪數主要都來自於「容積率」**，當容積率低的時候，價值也會相對降低；而**容積率則來自於使用分區**，這是參與都更前一定要先了解的事項。

第 3 章

海砂屋、輻射屋、工業區如何參與都更？

其他特殊狀況細節探討

> 住在台北市的何太太,房屋很老舊了,她發現屋頂天花板的水泥開始剝落,較嚴重處還看得到鋼筋;一些鄰居也發現有類似狀況,大家懷疑這是不是海砂屋,也有意願以都更的方式來改建。但是,1 樓住戶對地下室、頂樓部分的補貼有點意見……

都更中常遇到一些特殊問題,第一是建物的額外使用,也就是地下室、頂樓的增建,這部分的補貼原則是什麼?第二,海砂屋、輻射屋的新聞頻傳,這些危險建築可以參與都更嗎?又該如何執行?關於這些狀況,以下文章中將一一說明。

地下室與頂樓增建,是否可要求補貼?

如同何太太的例子,在都更案中,經常碰到地下室與頂樓增建的狀況。在本書前面章節「估價師扮演的角色」中,已經探討過地下室、頂樓的估價原則,這裡就不多贅述;但我要提醒讀者們,如果屋主與實施者(建方)間有另行簽訂合建契約時,那麼就會討論到是不是有額外補貼的問題。

如同估價的概念,沒有產權的地下室,跟頂樓增建沒什麼兩樣。在政府的認定上,**無論是不是緩拆,「頂樓增建」就是違建**;而地下室的部分,會分成兩種狀況處理,一種狀況是「有產權的地下室」,另一種是「沒有產權的地下室」。**沒有產權的地**

下室，在建照上通常會登載為防空避難室，雖然不是違建，但依照法規，這類地下室並非作為住宅使用，加上沒有合法產權，嚴格說來，只能認定有使用權。

這些地下室，有的可能是從公共樓梯下去，有的可能是從私人戶內的樓梯下去。若是使用公共樓梯，地下室就是歸大家共有，基本上實施者（建方）就不會特別提供補貼；如果是從位於1樓的某個權利人家中的樓梯出入，則這位權利人就可能會多出一個使用權的補貼。

有產權的地下室當然就不一樣，實施者（建方）一般會採用「租金補貼」的方式來處理。但讀者們要理解，地下室的租金行情絕不可能跟1樓店面一樣，所以一般來說，地下室租金補貼會參考市場地下室租金行情再打點折扣。

「頂樓增建」的部分則要看建物的構造：如果只是簡易的棚架，最多就是補貼拆除的費用；如果是磚造或鋼筋混凝土造，屬於封閉式且可供住宅使用的空間，則依照都更相關規定，補貼的金額可能就會高一點。

補貼的多寡，主要還是建立在權利人與實施者（建方）的合作條件上。目前物價高漲又面臨缺工，幾乎所有案件的營建工期都比以往要長，而實施者（建方）承諾給權利人的補貼，尤其是租金補貼，跟工期長短息息相關；工期拉長，其實會對實施者（建方）帶來很大的額外負擔。

輻射屋、海砂屋之改建

依據以往經驗，何太太的房屋很有可能是海砂屋。在都更中，輻射屋、海砂屋屬於比較特殊的狀況，針對這類型房屋，政府有一些單行的規定，例如：高氯離子建築物（也就是海砂屋），政府會提供一些都更的優惠；如果經過鑑定確認是海砂屋，就符合了高氯離子建築物改建的規定，可以向政府申請一些相關補助。

這些現金補助包含補強措施、拆除重建等，另外經列管並必須拆除之建築物，政府還會給予容積獎勵，而且這些獎勵可以跟《都市更新條例》合併申請，所以這類改建是享有雙重獎勵的。但是提醒所有讀者，**海砂屋的改建容積獎勵不能跟危老一起申請**。因為依照法令規定及主管機關的解釋，除了容積移轉以外，如果選擇《危老條例》申請獎勵的話，不得同時適用其他法令規定之建築容積獎勵項目，這點千萬要注意。

輻射屋跟海砂屋的基本概念相同，只是認定標準不同。海砂屋是混凝土內氯離子的含量過高，輻射屋則是建築物受到輻射汙染；這些認定都有法令的依據，如果需要拆除重建，政府也會給予容積獎勵。

但常遇到的狀況是，許多屋主對海砂屋、輻射屋的檢測有所排斥，因為怕檢測結果會影響房價。在此做個說明：依照現行法令，若要買賣房屋，雖無強制要求賣方在賣屋時一定要出具非海

砂屋證明，但如果買方要求對購買的房屋進行氯離子含量檢測，仍應該由買方先支付檢測費用。檢測結果若無超過標準，費用則由買方自行吸收；檢測結果若超過標準，費用就應該由賣方負擔。

萬一買方買到海砂屋，在法律上屬於「物之瑕疵」的一種，依法是賣方必須對買方負責，與仲介公司並無關聯。但仲介公司在海砂屋的查核上，如果有明知或過失之應注意、能注意而不注意之情事，依照《不動產經紀業管理條例》，仲介公司就要對買方負起損害賠償責任。所以現在買賣房屋時，屋主如果未出具海砂檢測報告，那麼房仲會要求賣方簽一份切結書，如果以後買方發現房屋是海砂屋或輻射屋，原屋主要負擔所有賠償責任。

所以在此建議，如果住戶有海砂屋、輻射屋的疑慮時，可以先選擇公寓或社區中的幾戶做檢查，確認房屋的狀況。基本上這是一份獨立的報告，不會公開，也不會送交政府單位備查；讀者們也不要隱瞞結果，因為這只會造成自己未來更大的損失與責任。

假如檢測出的數值已超過安全標準很多，建議還是要進行正式的報備程序；若沒有走這些正式流程，以後就沒有海砂屋或輻射屋的改建獎勵。站在政府的立場，一定是希望海砂屋、輻射屋都能夠早日改建，如果沒有盡快把這些危險建築處理好，將會產生公共安全的風險。若經過主管機關鑑定為需要拆除重建，政府便會進行列冊管理，而且會限時要求改建；越晚改建，獎勵就會

越少。政府希望用這個方式，加速這類高風險建物的更新。

海砂屋、輻射屋都屬於危險建物，可以引用《都市更新條例》第 7 條規定，採用「**迅行劃定更新地區**」的方式來進行，這將大幅簡化都更的流程。例如：可用海砂屋或輻射屋為理由，向台北市申請更新地區的劃定，而依《都市更新條例》規定，迅行劃定更新地區只要有 50% 的住戶同意，就可以進行都更了，門檻相對低了許多。

輻射屋的案例較少見，海砂屋的案例則較多。海砂屋多半是民國 70 年前後所興建的建物，因為當時公共工程、建築業蓬勃發展，淡水河開採的河砂不足以供應，砂石業者只好在淡水河下游開採海砂替代。如果讀者們所居住的房屋是興建於這段期間，發現有水泥剝落或鋼筋外露狀況，最好還是要多加小心。

最近台北市已啟動修法，取消海砂屋、輻射屋一定期限內獎勵遞減的規定。不過還是建議讀者們多留意相關公告，仍還是以最新的法令為準。

工業區可以辦理都更或危老嗎？

> 劉先生有一塊蓋了工廠的土地，屬於工業用地，現在廠房已經老舊，他想知道，工業區的土地可以辦理都更嗎？

答案是肯定的，工業區可以辦理都更，但是不能申請危老；而且，工業用地即使在辦理都更改建後，仍只能作為工業區使用。就如同前文所提到的使用分區限制，住宅區改建之後還是住宅區，並不會變成商業區；工業區改建後，也不會變成住宅區；建物的用途，是依據土地的使用分區來決定。

就土地的使用類型，縣市政府還是可以從都市計畫著手。以台北市南港區為例，南港是台北市工業區最多的一個地方，但其實現況多為住宅使用，因此，市府與當地居民一直希望能夠翻轉這個狀況；於是台北市政府頒布都市計畫，調整原有的工業用地限制，以符合住宅使用的現況。但同時，申請改建者需要依都市計畫程序及相關規定，完成整個都更程序，然後要做一些回饋；符合這些條件，才能調整工業用地的使用，成為特定的「產業專區」。這是因為台北市政府對南港地區有特殊的規劃，是以都市計畫的高度思考地區的發展。所以還是要回到都市計畫去討論，若回到一般工業區，就不是地主要求將工業區變更成住宅區，政府就一定會核准。

當實施者（建方）在規劃都更或危老的同時，一定會審視都市計畫的內容，因為都市計畫是位居最上位的計畫，土地的使用方式，還是得在都市計畫的框架之下進行。這點請讀者務必理解，如果有任何疑問，都可以在都更溝通階段請教實施者（建方）。

PART 5
「共好」與「永續」之重要性

兼顧居住安全、環境友善的ESG發展及未來趨勢

第 1 章

地球暖化的衝擊

「淨零碳排」的對應政策及循環經濟

大家或許發覺到，最近幾年台灣的氣候變了，酷熱、乾旱、颱風不來，但是一下起雨來，雨量常常很驚人，造成致災性的水災或土石流發生。其實這樣的情形不只發生在台灣，世界各地也是如此；全球暖化帶來的氣候變遷，已經是全人類必須面臨與解決的問題。

在過去的 100 年間，由於人類大量使用石油、煤炭等石化原料，所產生的二氧化碳進入大氣之中，加上森林地的大量開墾，導致溫室氣體的濃度不斷提高，引發了溫室效應，於是發生全球暖化；這造成了南北極的冰棚大量融化，讓海平面上升，大量的水進入海洋中，讓洋流的流速改變，引起更加劇烈的氣候變化，例如：近年來各地發生的暴雨、水患、乾旱……。

為了阻止氣候危機持續惡化，世界各國開始關注相關議題，並嘗試透過國際合作的方式，達到減碳的目標，為人類的生存爭取一個未來。

「淨零碳排」與營建業有何關聯？

為了降低地球暖化的速度及極端氣候對人類的影響，世界各國包含台灣達成一項協議，就是希望在 2050 年達到**「淨零碳排（Net Zero Emissions）」**的目標。所謂淨零碳排，並不是完全不排放包括二氧化碳（CO2）、二氧化氮（N2O）、甲烷（CH4）等溫室氣體，而是希望透過能源再生、材料及資源的循

環利用等技術，減少溫室氣體的排放量，最後讓氣體的排放量、減少量達到平衡。

或許讀者們會問：淨零碳排跟建築有什麼關係？不就是多種樹、多發展綠電、多使用電動車，就能減少碳的排放量嗎？但大家必須了解，其實在 2021 年，聯合國環境規劃署便在一份報告中指出：**住宅、非住宅、營建業的直接排放與間接排放，共占全球溫室氣體排放的 37%**，甚至高於工業和運輸部門的總和。

國際能源總署（IAE）也同意這樣的觀點，並從數據上說明，27% 的碳排放是來自房屋的使用，10% 來自建築施工的過程。若要達到 2050 年淨零碳排的目標，營建業仍有著非常大的減碳潛力。

呼應政府政策走向

政府為了響應在 2050 年達到淨零碳排的目標，已經做出了未來整體淨零轉型的規劃，**短期目標是在 2030 年之前達成「低碳排放」，長期則是希望在 2050 年時完成「淨零發展」。**而都市更新產業就是讓老舊建物重生，讓城市得以永續發展；對於城市而言，老舊建物的再生就類似循環經濟的概念。但因為舊建物拆除及重建屬於高度耗能產業，如果能結合新型材料研發及建築物效能控制，對於政府達到 2050 年淨零排放目標，將大有助益。

為加速台灣產業轉型升級，追求永續發展的經濟新模式，政府在 2018 年的「5＋2 產業創新計畫」中提出「循環經濟」的概念，主要推動原料替代，包括水泥業礦石原料替代，鋼鐵業增加廢鋼為原料等；另一部分則是推動廢棄物衍生燃料，包括擴大水泥業廢棄物替代燃料占比等。

政府也積極推行「綠建築」的觀念，在住宅舒適性的要求外，更希望消耗最少的資源，產生最少的廢棄物，強調與環境共榮共存，是一種永續發展的建築模式。這也是耕建築的理念：「耕建築團隊自許為城市的農夫，與自然環境共生，做對土地有意義的事——「**安全、健康、永續**」，共同落實守護城市、友善環境的企業願景與信念價值。

秉持這樣的理念，耕建築的兩個建案——「中正區臨沂段三小段案」及「中山區中山段一小段案」，我們的團隊以垂直綠化設計增加都市綠化量，讓家家戶戶都擁有喬木陽台花園，降低壁面吸收之熱能進而調節室內溫度並節約能源；在永續建築上的獨特觀點，讓我們榮獲 2023 年「美國謬思設計大獎」及其他國際設計獎項。

第 2 章

ESG 永續發展

建築業的未來綠色展望

ESG 永續發展是最近眾所矚目的議題，所謂 ESG 是指──環境保護（Environmental）、社會責任（Social）、公司治理（Governance）；ESG 涵蓋了環境、社會、與企業治理等多元層面，從政府到民間，從組織到個人。現今，ESG 議題已是全球無法迴避的課題，同時蔚為風潮，對我們營建相關產業亦是如此。

推動 ESG 的重要性

如果我們從投資報酬率或成本效益的角度來看，由於建築物的興建與營運階段所產生的碳排放量十分可觀，如本章所引用的資料，營建業的碳排放占了全球總量的 37%；因此，無論是當前政府針對 ESG 的相關法規，或是產業生態系內部的衡量標準，甚至員工與社會大眾對企業價值的評價，均是未來營建業必須正視的議題。

由於推行淨零碳排已成為世界各國的共識，未來相關的法令規範勢必會更嚴謹及清晰，企業社會責任必然成為公司治理的關鍵。因此，**營建產業必須將 ESG 納入企業核心發展目標，並做出必要改變。**

這些改變包括：將 ESG 基準化與報告化、借助科技以達成 ESG 目標、強化有效的風險與成本管理、提升企業韌性、注意「綠色溢價」與「褐色折價」的重要性、重視使用者身心靈層面的建築設計與物業管理、綠色建材的普及率與實用性等。

推動綠能建築，成為營建業未來趨勢

極端氣候所導致的天災頻繁，因此聯合國氣候變遷專門委員會提醒世界各國要注意更加嚴重的氣候危機，並且呼籲世界各主要經濟體，必須採取更積極、更大規模的減碳行動，來避免災害的發生。

在此提出另一個數據，根據全球建築聯盟（Global Alliance for Buildings and Construction）的「2020年全球建築狀況報告」，建築業占全球碳排放量的38%和全球能源使用量的35%，是對環境產生重大影響的關鍵產業；這與前述聯合國及國際能源總署作出的調查報告結果相近。

而一棟建築物的生命歷程，從材料（例如：水泥、鋼筋的生產）一直到施工完成、後續建築物的日常使用、壽命終結後的拆除等，每一個環節都與環境息息相關。於是，為了達到減碳排放、甚至零碳排放的目的，推動綠能建築、使用合格的再利用建材、減少廢棄物的產生，已成為營建業的未來趨勢；更進一步來說，ESG永續經營模式，將協助營建業達到產業淨零轉型的最終目標。

建築師看都市的永續發展

建築大師李天鐸對都市發展提出這樣的觀點：「以往的年

代,政府為了解決人民對住房的迫切需要,於是興建了大量2～5樓的國宅及眷村,當然這只是暫時解決老百姓住的問題而已,並沒有考慮到都市的長久規劃。回過頭來看現今的都更、危老改建,似乎也是差不多的概念,房屋老了、舊了,那就趕快蓋一個新一點的、安全一點的房屋而已,但是,這樣真的對都市的永續發展有助益嗎?」

李天鐸首先給予新進建築師一些建議:「大家都說建築要國際化,但是蓋出類似國外的建築就是國際化嗎?不!那個叫Copy。」他認為**深刻的在地化,才是國際化**;當我們到歐洲的一些城市,例如巴黎或倫敦的舊市區,我們會發現,這裡的建築物可能有200、300年歷史,可能這個轉角就是某個大文豪的舊居、那個噴泉有某位歷史人物曾在旁邊坐過,這就是文化的傳承,就是國際化。時間的累積會存在於都市中,也會讓這個都市永續地存在。

或許,身為建築師,可以從人文的角度來思考,先看看自己的家鄉有些什麼文化元素,再思考怎麼去深化自己的文化內涵。李天鐸覺得,從國外學來的東西也是建築師的養分之一,但是不應該一味地做成「別人的樣子」,要學習國外的東西,但是做成自己的樣子。因此,都更不該只是讓人們從一個舊盒子搬到一個新盒子裡,而是希望居住的人可以住在一個充滿陽光、空氣、活力,以及有著人文素養的軟性的都市中。從街道空間與外觀設計上,建築師可以發揮得更多。

李天鐸同時建議，政府可以思考去開放一些建築法規的限定，尤其是住宅區中關於商業行為的管制。他以「台中七期重劃區」為例，「整個七期重劃區幾乎看不到 7-11 這類的超商，因為全部都變成豪宅大廳了。」而以現在的都市發展來看，以前的台灣是住商合一，以後的台灣可能就變得跟美國一樣，變成住商分離，這與台灣人原本的生活習慣是不一樣的。如何讓商業可以發展，住宅又可以得到商業的便利性，並且讓這個都市擁有人的溫度，這是政府應該深切思考的課題。

　　最後，李天鐸是這樣看待都市的永續經營：「建築只是城市的背景，而人文及自然環境，才是都市的主角。」他期望把握都更這個機會，從政府到民間，共同努力來建設、打造都市的新面貌，讓台灣的都市都能夠永續地經營下去。

兼顧居住安全與環境友善

　　由於環境變遷及氣候惡化所帶來的災害，營建業也面臨了更大的挑戰，加上世界各國對於 ESG 永續經營的重視及努力，針對高碳排放量高的營建產業，如前文提到，勢必要採用新技術及新材料，提高營建效率，同時降低對環境的衝擊。不論是新成屋，或是危老都更重建的建築物，營建業者建造房屋時，都該兼顧住戶的居住安全，加強對環境保護的態度，盡可能選擇對環境友善的低碳建材、工法、低耗能的電器、節水設計等，共同為地球環

境永續盡一份責任，進而達到淨零碳排的目標。

讀者們或許注意到，現今國內外許多銀行紛紛推出「**ESG永續連結貸款**」，以提供經濟誘因（例如：利率）的方式，在融資部位訂定減碳目標，利用金流鼓勵企業強化ESG作為，幫助企業邁向淨零排放；換句話說，未來企業不進行減碳，可能無法取得足夠資金，為了達成永續經營的目標，就必須做到低碳轉型。這類型的綠色金融概念，將深刻影響到企業決策，提早布局ESG的企業，就越能提升財務績效，也能得到投資者的信任。

耕建築很早就注意到ESG的發展，希望從自身做起，將ESG發揮在耕建築團隊的獨特企業文化與經營決策中，以善盡企業社會責任及影響，發揮共同追求地球資源永續的正面力量，並達到讓人與自然比鄰共居、建築與環境永續共生的目標。

第 3 章

回到「共好」觀點的三個層次
都更對大家都有益處

有個記憶浮現在我的腦海，我小學 4 年級的某個冬天夜裡，發了高燒，父親背起了我，從公寓 3 樓跑下樓梯，帶著我直奔台大急診室……

那天以後的 20 年，我抱著因肺癌末期而有著嚴重肺水腫的父親，一步一步地走下 3 層樓的樓梯，帶著他去和信醫院化療；那時候，父親比我重了 20 公斤……又一個 20 年過去，父親也走了 20 年；經過 40 多年，那棟公寓還存在巷子裡。

沒有電梯的公寓，人肉升降梯就成為唯一選擇，但卻不是每個人都能擁有人力升降梯。**台灣有多少老人獨自居住在沒有電梯的老舊公寓裡？** 或許沒有人做過詳細統計，對這些長者來說，他們沒有生病的權利，更沒有生活的尊嚴可言。

大家或許都聽過這樣的故事，許多老屋的屋主明明很願意都更，但是因為其它住戶對都更事業不熟悉、希望爭取更多權利、割捨不下一份念舊的情感，於是都更改建就無限期地一直拖下去。結果大家還是一直住在老舊的公寓裡，繼續被生活的「不變」折磨著。

建築物的基本要求 —— 安全、安全、安全！

老舊公寓除了生活上的不便外，更有居住安全上的風險；在第 1 章就提到地震對台灣的威脅，這個章節更提醒讀者們注意氣

候變遷所帶來的可能風險，例如：風災、水災等。

再以最近 7.2 級的地震來看，在大台北地區從西向東就有四個斷層存在，分別是山腳斷層、崁腳斷層、台北斷層、新店斷層；根據台灣地震中心預測，山腳斷層未來 30 年內發生規模 7.0 地震的機率是 4%，50 年內機率為 7%。

這不是危言聳聽，你明明知道自己住在可能會發生地震的地方，但你住的老舊房屋卻不符合政府的耐震規範，你真正住得安心嗎？你會覺得生活安全嗎？老舊建物的改建，已經是刻不容緩的事實。

都市更新是眾人之事

一定要提醒讀者們，除了耐震結構的疑慮之外，老舊公寓還潛藏了諸多危險，包括老舊的管線、缺乏防火建材、阻礙逃生動線的違建、棟距不足等，這些因素都會增加發生火災時造成傷亡的風險，甚至妨礙住戶的逃生及消防人員的救災。

一旦災害來臨，損失的一定不只一家一戶，而是整個區域的房屋都會受到損害；老舊房屋對災害的承受能力比較低，也成為整個區域中的高風險因素。為了彼此，都更事業的推行，勢在必行。然而，都更就像是一場「零和遊戲」，利益的總和就固定在那裡，一方多拿，另一方就少拿；如果每個參與者都希望拿到

100%，到最後，每個人拿到的就只有 0%。

這裡提出一個看法：都更事業對個人、公共環境、城市發展都有益處，在可以接受的範圍內，在相對公平的合作條件下，個人不妨放下一些執念，讓所有人都能得到一個實實在在、更安穩的的家。

都更「共好」的三個層次

根據觀察，城市的發展會有週期，而城市裡的每個區域，發展週期又不盡相同；所以大家會看到城市的紋理有新有舊，有些區域進步，也有些區域老舊。這就是政府要推動都市更新的原因，希望透過一步一腳印的努力，能改善都市裡那些破落、危險的角落。耕建築的團隊，也期望能用「共好」的三個層次，達到都市更新的願景。

第一個層次是「**住戶之間的共好**」，權利人都想要更安全、美好的家，有著對未來相同的期待，住戶之間彼此信任，希望能放下小我的堅持，相互成就，因為利他，才能利己。

第二個層次是「**住戶與建方之間的共好**」，在都更的過程中，雙方充分溝通以及積累信任；權利人以理性參與，實施者用專業與熱忱來服務，共同打造更安全、美好的家園。

第三個層次是「**建築、環境、城市之間的共好**」，透過一點一滴地改變，一步一步地再造，從點到面，推動環境的永續發展，並提升城市的機能與樣貌。

耕建築團隊是這樣期許自己的：「撒下都更的種子，耕築共生共好的環境，打造安全健康的城市。」我是黃張維，我是城市農夫，一步一腳印，耕耘都市更新。

WIDE 系列 011

大都更時代攻略　耕築居安家園

作　　者	黃張維
出版經紀	廖翊君
文字協力	享應文創管顧工作室、吳永佳
總 編 輯	李珮綺
資深主編	李志威
協力編輯	鍾瑩貞
校　　對	鍾瑩貞、李志威
封面設計	FE 設計
插　　圖	FE 設計
內文排版	薛美惠
攝　　影	萬鏡影像工作室

企畫副理	朱安棋
行銷企畫	江品潔
印　　務	詹夏深

出 版 者	今周刊出版社股份有限公司
發 行 人	梁永煌
地　　址	台北市中山區南京東路一段 96 號 8 樓
電　　話	886-2-2581-6196
傳　　真	886-2-2531-6438
讀者專線	886-2-2581-6196 轉 1
劃撥帳號	19865054
戶　　名	今周刊出版社股份有限公司
網　　址	www.businesstoday.com.tw

總 經 銷	大和書報股份有限公司
製版印刷	緯峰印刷股份有限公司
初版一刷	2024 年 9 月
初版二刷	2024 年 11 月
定　　價	400 元

國家圖書館出版品預行編目 (CIP) 資料

大都更時代攻略 耕築居安家園 / 黃張維著. -- 初版. --
臺北市：今周刊出版社股份有限公司, 2024.09
240 面；17×23 公分. -- (Wide 系列；11)

ISBN 978-626-7266-82-3（平裝）

1.CST: 都市更新

445.1　　　　　　　　　　　　　　113008311

版權所有，翻印必究
Printed in Taiwan

Wide

Wide